广东省自然科学基金项目（2017A030310058）
广州市哲学社会科学规划课题（2018GZYB63）
资助成果

岭南建筑学派现实主义
创作思想研究

Research on Realistic Design Thoughts of
Lingnan Architecture School

陈　吟　著

中国建筑工业出版社

图书在版编目（CIP）数据

岭南建筑学派现实主义创作思想研究＝ Research on
Realistic Design Thoughts of Lingnan Architecture
School／陈吟著．—北京：中国建筑工业出版社，
2020.7
广东省自然科学基金项目（2017A030310058）广州
市哲学社会科学规划课题（2018GZYB63）资助成果
ISBN 978-7-112-25219-0

Ⅰ.①岭… Ⅱ.①陈… Ⅲ.①现实主义－建筑学派－
研究－中国 Ⅳ.①TU-092

中国版本图书馆 CIP 数据核字（2020）第 093309 号

　　岭南建筑学派的建筑师秉承岭南文化开放、务实、兼容、创新的精神，立足现实条件、直面现实问题、把握现实矛盾，以高举现代主义理论旗帜、凸显地域文化特色为基点和起点，历经近一个世纪的历史变迁和社会发展，薪火相传、一脉相承，形成了具有丰富内涵的现实主义创作思想。全书内容包括绪论、"岭南建筑学派"的学术立论、岭南建筑学派现实主义创作思想的发端、功能现实主义创作思想探索、地域现实主义创作思想探索、文化现实主义创作思想探索，以及关于岭南建筑学派现实主义创作思想的评论等。

　　本书可供广大建筑师、建筑历史与理论工作者、高等院校建筑学专业师生等学习参考。

　　责任编辑：吴宇江
　　责任校对：王　烨

岭南建筑学派现实主义创作思想研究

Research on Realistic Design Thoughts of
Lingnan Architecture School

陈　吟　著

*

中国建筑工业出版社出版、发行（北京海淀三里河路9号）
各地新华书店、建筑书店经销
北京建筑工业印刷厂制版
北京中科印刷有限公司印刷

*

开本：787毫米×1092毫米　1/16　印张：12¼　插页：2　字数：239千字
2021年1月第一版　　2021年1月第一次印刷
定价：**52.00**元
————————————————————
ISBN 978-7-112-25219-0
（35982）

前　言

　　岭南现代建筑始于 20 世纪 30 年代西方现代主义建筑思想的引入和传播，至今已发展近百年，曾数度成为中国建筑领域令人瞩目的焦点，相关研究成果丰厚。然而，经过文献分析可以发现，过往的研究主要以其设计实践及作品为对象，尽管有部分研究对岭南现代建筑的设计历程进行了时间上的纵向梳理，但这类较为偏重史实的研究所得出的结论，在廓清其设计历程的同时，也不禁引人深思：建筑设计作为一种综合性的活动，其发展和转向是在时代、社会、经济、科技等客观因素与建筑师的判断、选择、取舍等主观因素的共同作用下完成的，实践及作品是一种结果的呈现，难以全面地还原这种主、客观相互作用的动态过程。

　　本书尝试从美学的视角出发，以呈现"思想"的建筑师著述为主要研究对象，对作为群体的岭南建筑师的思想轮廓及发展过程做出初略描绘，从另一个侧面补充和印证其发展轨迹，以期更真实地还原历史全貌，深化这一地域建筑理论的研究。

　　首先，通过明确现代科学学派成立的基本标准、论述学派存在的重要价值，从学术阵地、代表人物、学术思想、代表作品、学术影响等多个方面，对"岭南建筑学派"这一尚未正式立论的概念进行辨析，论述了其学理的合法性，认为可将岭南建筑师群体作为一个"学派"进行研究。

　　其次，引入"现实主义"美学理论，提出岭南建筑学派创作思想具有"现实主义"特色。在近百年的发展历程中，岭南建筑学派从初期学习借鉴西方现代主义建筑思想，到在实践中总结适应地域环境的技术策略，到立足于地方文化的风格提炼，再到自我创作思想体系的构建和完善，皆是面对严苛的自然、经济、社会等条件所作出的艰难抉择和突破。换言之，其建筑思想的演进并非仅仅源于个体的主观臆测，也非在外部客观环境变化的压力之下不得已而为之，而是在内外多重因素的合力下，能动性地发挥个体创造力的结果，表现出强烈的"现实主义"精神。可依次提炼为功能现实主义、地域现实主义、文化现实主义三个维度，并分别体现了技术理性、风格自律、体系建构的阶段性特征，展现出岭南建筑学派现实主义创作思想逐步丰富、完善、体系化的过程。

　　最后，探讨了现实主义创作思想对于岭南建筑学派的价值，提出其整合技术理性与价值理性的未来走向。身处全球化日渐加剧的当下及将来，多样的建筑类型、跨地域的实践范围和合作模式、更加个性化的文化追求，将不可避免地成为每一位建筑师所面临的难题。如今的岭南建筑学派，早已超越了初期从方法论层面进行的技术总结，也超越了对风格、形式的关注，转而探索建筑设计思想体系的构建。这种变化，说明当代岭南建筑师的创作范围与理论视野已不仅仅局限于岭南地域，而可以面对不同的创作环境进行价值判断和策略应对，"继承地域传统、融合现代精神，注重求实、求新、求活、求变"（何镜堂，2009）不仅可被视为其不断发展的根源，更是其在传承中创新、在发展中超越的勇气和动力。

目 录

第1章 绪 论

从 1920 至 1930 年代的广州中山纪念堂、广州中山图书馆、广州市府合署等一批中国固有式建筑，到 1930 年代至抗战前进行的现代主义建筑先锋实验，到战后 1950 至 1970 年代的华南土特产展览交流大会建筑组群、广东肇庆鼎湖山教工疗养所、广州中山医学院教学组群、广州矿泉别墅、广州白云宾馆，到 1980 至 1990 年代的广州白天鹅宾馆、深圳科学馆、广州西汉南越王墓博物馆，再到 21 世纪的侵华日军南京大屠杀遇难同胞纪念馆扩建工程、2008 年北京奥运会摔跤馆和羽毛球馆、2010 年上海世博会中国馆……在近一个世纪的历史变迁和社会发展中，岭南建筑师创作出了相当数量的佳作，不仅赢得了建筑界的诸多赞誉，还备受社会各界关注。

如此丰硕的成果和瞩目的事件，不禁使人产生一连串的疑问：在岭南这样的政治和文化上的边缘地带，为什么会创作出数量如此众多的建筑佳作？岭南现代建筑是否表现出某种独特性，即它与其他地域建筑作品之间究竟有何差别，是风格的、形式的、精神的抑或是其他？岭南建筑呈现出多种多样的形式表象，其表象里是否存在着一以贯穿的内在主线？近百年来的实践发展，岭南建筑究竟呈现为怎样的演变趋势和状态？创作出大量作品的岭南建筑师群体，是否能够冠以"学派"之名而作为对象进行研究？特别是近年来，岭南建筑师突破地域限制，在全国各地展开的建筑创作是否还可以称得上是岭南建筑？

带着这一系列相关联的疑问，从 2009 年正式踏入博士学习阶段起，笔者就在导师的指导下展开了关于岭南建筑理论和建筑美学的研究，参与论证并成功申报了《岭南建筑学派发展研究》（亚热带建筑科学国家重点实验室开放课题 2008KB28）《岭南建筑学派现实主义设计理论研究》（亚热带建筑科学国家重点实验室自主研究课题 2013ZC06）《岭南建筑学派现实主义设计理论及其发展研究》（国家自然科学基金面上项目 51378212）等多个科研项目。

通过系统地收集、研读和分析相关资料，逐渐加深了有关岭南建筑师、岭南建筑作品的认识，也更为清晰地了解到岭南现代建筑的研究状况，发现尽管相关研究已有一定积累，但无论从质量上还是数量上，其理论成果都无法与蓬勃发展的岭南建筑创作实践相提并论。此外，将视野扩大到中国现代建筑研究中还可以发现，涉及岭南现代建筑的探讨与有关京沪宁等地建筑理论与实践的篇章相比，其篇幅极为简练，这一方面说明了主流研究者对于岭南这片历史上长期游离于主流文化之外的地域的忽略和轻视，另一方面也反映了岭南建筑学人对自身总结、提炼、反思和传播其建筑思想的匮乏。

由此，出于释疑、解惑的个人原初动力，也出于深化和加强岭南现代建筑理论研究、明确岭南现代建筑在中国现代建筑史上的合理定位、在域内外更广泛的传扬其创作思想和精神等一系列学术期待，本书选择以此为研究题目，从特定视角对其展开整体、系统的理论研究。

1.1 研究意义

1.1.1 理论意义

首先，岭南建筑学派的创作思想是岭南建筑理论当中一个占据相当分量的组成部分。长久以来，相较于其他地域的建筑理论研究，岭南建筑理论研究与迅猛发展的实践活动相比显得尤为滞后。通过完整分析其创作思想的渊源背景、形成因素、思想特色、演变状态，岭南建筑师有关创作的智慧结晶将会呈现为一个体系更为完善、观点更为鲜明的理论形态，这有助于改善其现有零散的研究状态。同时，作为中国现代建筑的一脉支流，尤其是在当今全球化的背景下研究岭南建筑学派，这既是对地域文化的一种珍视和呵护，也是以其作为中国现代建筑创作力量的一分子，在与各地域的相互交流和竞争当中，为形成真正意义上的中国现代建筑进行努力探索，并助力于中国现代建筑文化身份的确立。

其次，从现有研究成果来看，大多数学者主要集中于岭南建筑学派的实践作品，少量论文对中华人民共和国成立后的岭南建筑创作实践活动进行了历时性的梳理，并从创作手法的层面探讨了作品所呈现出的发展规律，但这类较为偏重作品研究所得出的结论，在廓清其创作实践历程的同时，也不禁引人深思：建筑创作作为一种综合性的活动，其发展和转向是在时代、社会、现实条件等客观因素和建筑师的判断、选择、取舍等主观因素的合力下完成的，而作品作为一种结果，难以较全面地还原这种主、客观相互作用下的动态过程。同时，建筑师自我思想的表述是对实践进行自觉反省和总结提升的一种方式，它或可与实践同步、一致，也可比实践超前或滞后，相较于被多种外部因素所制约的实践，文本可被视之为其核心思想与价值取向更真实的展现。因此，本书以分析岭南建筑师的专著、论文、手稿等思想著述为主，而以分析其作品及相关评论为辅，以期从另一个侧面补充和印证岭南建筑学派的发展轨迹，更真实地还原历史全貌。

最后，在研究方法上，本书立足于建筑史学和建筑美学的视角，进行多重维度的阐释、反思，这既是对岭南建筑学派创作思想发展轨迹的梳理，也是对其创作思想内涵及特征的挖掘，对于建筑史学研究、建筑美学研究、建筑设计理论研究等学科方向的繁荣发展，具有重要的学术价值。

1.1.2　现实意义

首先，对建筑创作而言，总结岭南建筑学派的创作思想、揭示其创作思想特征，有助于当代岭南建筑创作的传承与创新。当面对创作的诸多矛盾时，建筑师能够从中得到理性借鉴，学习先辈的创作思路与手法，灵活、辩证地处理和思考问题。更重要的是，继承先辈务实、理性的创作精神，秉承现代建筑的本质，不盲从于纷繁的世相。同时，从先辈的研究当中汲取和提炼出未来建筑创作的发展方向，并将岭南现代建筑融于自然、彰显文化、亲近人心的特质延续下去。

其次，对建筑评论而言，本书期望起到"抛砖引玉"的作用，吸引更多的学术目光，让更多的有识之士产生对于岭南建筑的学术兴趣，参与到岭南建筑理论研究当中。无论是从历史研究的角度，还是从理论研究的角度，抑或是建筑批评的角度，共同来壮大岭南建筑理论研究的队伍。此外，开展岭南建筑的相关研究，还可间接地提升岭南建筑在社会上的公众关注度，为岭南建筑创作的可持续发展创造出一个良好的舆论环境。

最后，对建筑教育而言，一方面许多岭南建筑大师结合自身的多年经验，就建筑师的职责、素养和培养问题提出了自己的真知灼见；另一方面，许多岭南建筑师在时代的洪流中毅然选择坚守自己对于建筑本质的认知，这一行动和表现出的精神本身就是一本最鲜活的教科书，为后来者树立起了标杆和榜样。由此，系统性和规范化地总结岭南建筑学派的创作思想，对于岭南乃至其他地域的青年建筑师培养、建筑教育教学体系的完善都有着重要的参考价值。

1.2　相关研究现状

1.2.1　岭南建筑学派相关研究的演进趋势

1.2.1.1　概念提升：从岭南建筑到岭南建筑学派

国内最早有关岭南现代建筑的具体研究，当数夏昌世的《亚热带建筑的降温问题——遮阳·隔热·通风》[①]一文，在丰富的创作实践基础上，他首次从气候的角度对岭南建筑的特色及其创作对策做了有效的归纳和总结。此后，陆

---

① 夏昌世.亚热带建筑的降温问题——遮阳·隔热·通风[J].建筑学报，1958（10）：36-40.

元鼎在《岭南人文·性格·建筑》①中指出，岭南建筑是作为岭南地域文化的一种现象，与岭南文化、性格相表里，其创作实践和发展的过程蕴涵了建筑的地域、时代、文化、性格等各方面整合发展的规律和特点，从文化的角度对岭南建筑的特色做了更为深入的剖析。自中华人民共和国成立之后的几十年间，特色明显的岭南新建筑逐渐为人们所知晓、了解、赞叹，伴随着创作实践的前进步伐，其研究重点也分别经历了集中于气候、功能、形式、风格等要素的几大阶段，引发了多次关于"岭南建筑"的理论争鸣和学术探讨。

面对学界的众说纷纭，唐孝祥将岭南建筑的相关研究分为"地域论""风格论"和"过程论"。他指出，"地域论"从地理概念出发，认为岭南建筑即建在岭南地区的建筑；"风格论"认为岭南建筑即具有独特的岭南文化艺术风格的建筑，主要关注于建筑的平立面设计、建筑部件结构与造型以及富于岭南地域文化内涵的建筑装饰；"过程论"着眼于建筑创作主体及其创作实践活动，认为岭南建筑即指在岭南这块特定的土地上所开展的不断探索的建筑创作实践活动。上述三类观点都有相对的合理性和借鉴意义，但也都存在着一定的局限性——"地域论"强调建筑的地域性，但并不是所有建在岭南地区的建筑都可以称之为"岭南建筑"。"风格论"有助于把握岭南建筑的文化和艺术本质，但过分强调建筑的艺术性而忽略建筑的技术性，也是有所偏颇的。"过程论"强调建筑是一种纯粹的创作实践活动，容易导致对理论探索和经验总结的轻视，流露出一种"建筑创作无需理论指导"的非理性倾向，无益于岭南建筑创作及发展。最后，他提出以"文化地域性格"来界定岭南建筑，岭南建筑应当是地域技术特征、文化时代精神、人文艺术品格这三者的有机统一②。

经过如上的总结和反思可以看出，有关岭南建筑的研究已经逐渐开始了从单一研究对象到多层次研究对象、从局部关注到整体考量的一个转变过程，如"文化地域性格"等概念便是寻求这一突破的一项关键性成果。基于对此认识的加深，研究者意识到，任何静态的要素已经无法囊括"岭南建筑"的完整内涵，"岭南建筑"这一词语的字面意义正逐渐成为限制岭南建筑研究范围加深、扩大的一个桎梏。正如汪原在《从"华南现象"走向"岭南学派"》一文中指出，"岭南建筑"一词地域性太强，与岭南建筑师超越地域局限遍布全国的实践并不相符；另外，"'岭南建筑'所指向的主要是建筑本身，是结合特定的地域所呈现的空间形式，很少或根本没有涵盖其创作群体的思想、意识及其新的管理与运作模式"③。具有统一的行动哲学、明确的方法论、组织紧密的团队以及不断涌现和壮大之势，正是一个学派成熟的条件。"如果要用学派的概念

①　陆元鼎.岭南人文·性格·建筑［M］.北京：中国建筑工业出版社，2005.
②　唐孝祥，郭谦.岭南建筑的技术个性与创作哲理［J］.华南理工大学学报（社会科学版），2002（9）：35.
③　汪原.从"华南现象"走向"岭南学派"［J］.新建筑，2008（5）：6.

来界定这股力量，我们不妨把它称为'岭南学派'"①。在此一普遍共识的基础上，"广派""岭南学派""岭南建筑学派"等概念相继伴随着岭南建筑研究的推进而发展起来。

事实上，早在1984年曾昭奋就首次正式将"广派"建筑与"京派""海派"建筑相提并论②。1989年，艾定增在《神似之路——岭南建筑学派四十年》中进一步明确了"岭南建筑学派"的学术概念，分别从地域范围、人员组成、创作特色等多个层面进行分析，认为岭南建筑创作是"融会贯通后创造一种新的形式或风格，这就是岭南建筑学派的'神似之路'"③。尽管"学派研究"的初期，其研究重点和成果仍未完全脱离"风格论"的窠臼，但无论是提出这一概念本身，还是就这一概念进行的探索式思考，都极大的影响和指引了此后的学派研究。

进入1990年代，高校扩招所引发的大学校园兴建和扩建提供了大量的建筑创作实践机会，岭南建筑师敏锐地抓住这一机遇，由点及面，开始将实践的区域扩大到全国范围。因其跨越地域范围之广、设计校园数量之多，而被业界称之为"华南现象"。进入21世纪以后，由岭南建筑师创作的侵华日军南京大屠杀遇难同胞纪念馆扩建工程、北京奥运会摔跤馆与羽毛球馆、上海世博会中国馆等重要文化和体育建筑，在南京、北京、上海等地相继出现。实践证明，岭南建筑师作为一个团体开始在多领域被业界认同，正实现着由边缘向主流的转变。直至2010年，"岭南建筑学派"的概念出现得愈发频繁。

从"岭南建筑"到"岭南建筑学派"，这一研究思路的转变，是一个由特殊到普遍、从自发到自觉的过程。但根本而言，研究思路是以研究对象的变化而变化的。岭南建筑师创作思想的发展成熟，群体内部对于核心价值观和创作方向的自觉性寻求，都是引发研究思路转变的重要因素，并将持续地产生深入影响，从而在创作实践和理论研究的合力下确立学派的独特性。

1.2.1.2 系统化拓展：从单一作品研究到多元化、系统化的研究

早期研究集中于"岭南建筑"这一概念，自然而然，有关岭南建筑作品的解析就成为这一阶段的重点任务和主要成果。《肇庆鼎湖山教工休养所建筑纪要》④《中山医学院第一附属医院》⑤《广州中苏友好大厦的设计与施工》⑥

---

① 汪原.从"华南现象"走向"岭南学派"[J].新建筑，2008（5）：6.

② 曾昭奋.建筑评论的思考与期待——兼及"京派""广派""海派"[J].建筑师（第17辑），1984：5-18.

③ 艾定增.神似之路——岭南建筑学派四十年[J].建筑学报，1989（10）：20-23.

④ 夏昌世.肇庆鼎湖山教工休养所建筑记要[J].建筑学报，1956(9)：45-50.

⑤ 夏昌世.中山医学院第一附属医院[J].建筑学报，1957(5)：24-35.

⑥ 林克明.广州中苏友好大厦的设计与施工[J].建筑学报，1956（3）：58-67.

《广州体育馆》①《低造价能否做出高质量的设计——谈广州友谊剧院设计》②《从建筑的整体性谈广州白天鹅宾馆的设计构思》③《西汉南越王墓博物馆规划设计》④《由具象到抽象——岭南画派纪念馆的构思》⑤……岭南建筑师的务实精神在此得以充分体现，创作者针对每一部作品所做出的深入思考、总结和反思都详尽地记录下来，为深入感知和了解这些建筑作品提供了真实可贵的第一手材料。直至今日，这一优良传统仍被岭南建筑师所保留和继承。

在建筑理论研究中，作品是最受关注的部分，也必然是研究的重中之重。但单一的作品研究具有一定的特殊针对性，因而也有着其局限性。随着研究的推进，以作品为起点所延伸出的对于创作方法、建筑师个人思想、建筑教育、建筑设计团队组织管理、建筑创作的社会时代背景等脉络的梳理——铺展开来，超越了单一的作品研究，呈现出多方向拓展、多层面展开的系统化趋势。

在新近的研究中，岭南众多知名的建筑师成了研究的焦点。《中国著名建筑师林克明》⑥《建筑师林克明创作思想粗探——兼谈中国近代建筑史》⑦《岭南建筑师林克明实践历程与创作特色研究》⑧《夏昌世生平及其作品研究》⑨《夏昌世的创作思想及其对岭南现代建筑的影响》⑩《佘畯南选集》⑪《建筑是为"人"，而不是为"物"——佘畯南建筑大师的创作思想发展历程研究》⑫《莫伯治集》⑬《莫伯治文集》⑭《岭南建筑艺术之光——解读莫伯治》⑮《莫伯治建筑创作历程及思想研究》⑯《当代中国建筑师——何镜堂》⑰《何镜堂建筑

①　林克明.广州体育馆［J］.建筑学报，1958（6）：23-26.

②　佘畯南.低造价能否做出高质量的设计——谈广州友谊剧院设计［J］.建筑学报，1980（3）：16-19.

③　佘畯南.从建筑的整体性谈广州白天鹅宾馆的设计构思［J］.建筑学报，1983（9）：39-44.

④　莫伯治.西汉南越王墓博物馆规划设计［J］.建筑学报，1991（8）：28-31.

⑤　莫伯治.由具象到抽象——岭南画派纪念馆的构思［J］.建筑学报，1992（12）：2-5.

⑥　陆元鼎等.中国著名建筑师林克明［M］.北京：科学普及出版社，1991.

⑦　杜黎宏.建筑师林克明创作思想粗探——兼谈中国近代建筑史［D］.广州：华南理工大学，1988.

⑧　刘虹.岭南建筑师林克明实践历程与创作特色研究［D］.广州：华南理工大学，2013.

⑨　施亮.夏昌世生平及其作品研究［D］.广州：华南理工大学，2007.

⑩　肖毅强，施亮.夏昌世的创作思想及其对岭南现代建筑的影响［J］.时代建筑，2007（5）：32-37.

⑪　曾昭奋主编.佘畯南选集［M］.北京：中国建筑工业出版社.1997.

⑫　张蓉.建筑是为"人"，而不是为"物"——佘畯南建筑大师的创作思想发展历程研究［D］.成都：西南交通大学，1999.

⑬　岭南建筑丛书编辑委员会编.莫伯治集［M］.广州：华南理工大学出版社，1994.

⑭　曾昭奋主编.莫伯治文集［M］.广州：广东科技出版社，2003.

⑮　曾昭奋主编.岭南建筑艺术之光——解读莫伯治［M］.广州：暨南大学出版社，2004.

⑯　庄少庞.莫伯治建筑创作历程及思想研究［D］.广州：华南理工大学，2011.

⑰　丛书编委会.当代中国建筑师——何镜堂［M］.北京：中国建筑工业出版社，2000.

创作》①《何镜堂文集》②《传承、开拓与创新——何镜堂先生及其建筑团队的创作思想与艺术手法分析》③《林兆璋建筑创作手稿》④《一代岭南园林宗师——郑祖良先生》⑤《郑祖良生平及其作品研究》⑥《林西——岭南建筑的巨人》⑦等著述都对岭南建筑师或对岭南建筑学派影响重大的人物进行了详尽、深入的论述，留下了珍贵的文本资料。

除了作为"点"状存在的建筑师个体，作为"线"状存在的建筑师前后承继关系也出现在研究中。《岭南建筑创作思想——60 年回顾与展望》⑧《务实创新勤学问，岭南建筑更辉煌》⑨《传承与发展——从夏昌世到何镜堂，岭南两代建筑师研究》⑩《夏昌世的创作思想及其对岭南现代建筑的影响》⑪等文分别论述了岭南建筑创作的开创源头、三代岭南建筑师的不同特点与贡献、岭南建筑师之间的师承关系等。

岭南现代建筑发展历程中还出现了一些具有典型意义的创作团队，有研究以此为对象，结合每个时代不同的社会背景、作品创作缘起、政府行政作用等多方面因素，深入挖掘有关各自研究对象的相关史料，对其诞生、成长、壮大的发展轨迹有了较为清晰的梳理，从局部深化了对于岭南建筑的认识，如《华南理工大学建筑设计研究院机构发展及创作历程研究》⑫《广州"旅游设计组"（1964—1983）建筑创作研究》⑬《广州市设计院的机构发展及建筑创作历程研究（1952—1983）》⑭等文章。

关于创作方法，《当代岭南建筑创作趋势研究：模式分析与适应性设计探索》⑮一文运用系统科学的方法，对岭南建筑进行模式分析，力图挖掘和展现

① 华南理工大学建筑设计研究院编 . 何镜堂建筑创作 [M] . 广州：华南理工大学出版社，2011.

② 何镜堂 . 何镜堂文集 [M] . 武汉：华中科技大学出版社，2012.

③ 曾坚，蔡良娃，曾鹏 . 传承、开拓与创新——何镜堂先生及其建筑团队的创作思想与艺术手法分析 [J] . 新建筑，2008（5）：12-15.

④ 林兆璋 . 林兆璋建筑创作手稿 [M] . 北京：国际文化出版公司，1997.

⑤ 利建能 . 一代岭南园林宗师——郑祖良 [J] . 南方建筑，1997（2）：65-68.

⑥ 周宇辉 . 郑祖良生平及其作品研究 [D] . 广州：华南理工大学，2011.

⑦ 佘畯南 . 林西——岭南建筑的巨人 [J] . 南方建筑，1996（1）：58-59.

⑧ 何镜堂 . 岭南建筑创作思想——60 年回顾与展望 [J] . 建筑学报，2009（10）：39-41.

⑨ 肖大威 . 务实创新勤学问，岭南建筑更辉煌——纪念华南理工大学建筑学院创立 70 周年 [J] . 建筑学报，2002（9）：15.

⑩ 黄沛宁 . 传承与发展——从夏昌世到何镜堂，岭南两代建筑师研究 [D] . 广州：华南理工大学，2006.

⑪ 肖毅强，施亮 . 夏昌世的创作思想及其对岭南现代建筑的影响 [J] . 时代建筑，2007（5）：32-37.

⑫ 陈智 . 华南理工大学建筑设计研究院机构发展及创作历程研究 [D] . 广州：华南理工大学，2009.

⑬ 冯健明 . 广州旅游设计组建筑创作研究 [D] . 广州：华南理工大学，2007.

⑭ 张海东 . 广州市设计院的机构发展及建筑创作历程研究（1952—1983）[D] . 广州：华南理工大学，2009.

⑮ 王扬 . 当代岭南建筑创作趋势研究：模式分析与适应性设计探索 [D] . 广州：华南理工大学，2003.

岭南建筑学派在创作方法上的地域特色。还有研究立足现代性理论，通过比较京沪等国内其他地域的建筑实践，突出岭南建筑创作的现代性特质[①②]。

《现代岭南建筑发展研究》[③]是迄今较为全面总结岭南建筑学派发展历程的一部论文，该论文以1949—2000年间的岭南现代建筑为研究对象，从经济、政治、社会、技术、文化等角度，对岭南现代建筑的发展过程、代表人物、优秀作品、学术思想和创作理论进行了全面系统的考察研究，试图揭示岭南现代建筑形成和发展规律及其特征，并以史为鉴，为岭南现代建筑的可持续发展献计献策。此外，还有《岭南建筑学派研究》[④]从历史的角度梳理了岭南建筑学派产生的条件和背景，阐释了岭南建筑学派新发展的轨迹和规律。

经过半个多世纪的发展，岭南建筑的相关研究从单一作品分析起步，延伸至多主体展开（建筑师、设计组合、设计单位）、多层面展开（作品、创作方法、历史、思想、文化、社会、哲学）、多时段展开（近代、现代、当下）等数条研究路径，正逐渐构筑出一个纵横交织的立体研究模式。

1.2.1.3　反思性趋势：从特点提炼到批判性观点的出现

岭南建筑的设计实践经过几十年的探索，在1970、1980年代达到了创作的巅峰。然而，改革开放之后，特别是1990年代邓小平南巡讲话之后，随着国内经济市场进一步打开，纷繁芜杂的西方建筑思潮大量引入，在带来鲜活氧气的同时，也极大地影响并冲击了国内的创作环境。身陷地域性与全球化、传统文化与时代精神的矛盾中，岭南建筑师与相关研究者都产生了深切的危机感，对过往的创作和理论进行了反思。

1996年，广东省首届青年建筑师学术研讨会在华南理工大学举行，其会议综述指出，"岭南建筑师大都以实干著称，理论探讨较北方为少。国内学术刊物上的关于广派建筑的议论大都出自北方建筑师的手笔"，"与蓬勃发展的建筑创作相比，岭南建筑创作理论的研究是滞后的。滞后的代价是城市建设的粗放、不少建筑作品流于粗糙。"[⑤]此后，《创新后的困惑——岭南文化与岭南建筑》[⑥]《岭南建筑的特色哪里去了》[⑦]《岭南建筑的文化背景和哲学思想渊源》[⑧]

---

① 夏桂平.基于现代性理念的岭南建筑适应性研究［D］.广州：华南理工大学，2010.

② 黄惠菁.岭南建筑中的现代性研究［D］.广州：华南理工大学，2006.

③ 刘业.现代岭南建筑发展研究［D］.南京：东南大学，2001.

④ 王河.岭南建筑学派研究［D］.广州：华南理工大学，2011.

⑤ 刘业，陆琦.再造岭南建筑的辉煌——1996广东省首届青年建筑师学术研讨会综述［J］.华中建筑，1997（1）：55.

⑥ 高旭东.创新后的困惑——岭南文化与岭南建筑［J］.南方建筑，1998（2）：90-91.

⑦ 黄金乐，樊磊，童仁.岭南建筑的特色哪里去了［J］.南方建筑，1998（4）：17-18.

⑧ 郑振紘.岭南建筑的文化背景和哲学思想渊源［J］.建筑学报，1999（9）：39-41.

《岭南建筑是否已消失》①《不惑之年的困惑——评析岭南建筑的后劲》②等一系列文章对岭南建筑在20世纪90年代中期以后趋于沉寂的现象进行了反思。《岭南现代建筑创作的"现代性"思考》《回归本源——回顾早期岭南建筑学派的理论与实践》等文章也对莫伯治、佘畯南等大师在晚年的创作中尝试的突破做出了质疑，提出"昔日的大师，落入了对潮流和样式的简单模仿，彻底偏离了技术理性和问题思考的现代性精神，引人深思"③，"衰年变法对于建筑师个人来说也许是创造力旺盛的变现，但是'不断求变'是否能被看作是岭南地区建筑创作所应该坚持的特色呢?""我们究竟是应该紧跟潮流还是应该回归本源?"④这一系列值得思考的问题。

无独有偶，作为中国现代化进程发展最快的地区之一，岭南地区的建设也吸引了域外的学术目光。《大跃进》(Great Leap Forward)⑤一书是20世纪90年代在雷姆·库哈斯的带领下，哈佛大学设计学院师生共同完成的一项课题成果，它主要关注于改革开放之后珠江三角洲的几大城市——香港、澳门、深圳、广州、珠海和东莞。整部著作分别从发展年代、意识形态、建筑、经济、景观、政策、基础设施等方面展开，论述这一区域在被卷入到现代化的漩涡之后，伴随着经济迅猛发展而出现的人口、工业、建筑、城市空间、景观等各方面的巨大转变。书中指出，在这一转型当中，珠江三角洲的城市不再是单一、独立的个体，而是共同组成了一个城市带，逐渐形成了新的"巨型都会"。在高速发展的进程中，建设量非常巨大，但与之相对的现实状况是极少数量、水平参差不齐的建筑师，在10天的时间内设计出一栋高层办公楼是常有的事情，其建筑质量难以想象。经过如此一番紧密的建设之后，正如雷姆·库哈斯撰写的导言所述，珠江三角洲的城市面貌已表现出与传统城市不同的理想，传统的城市渴望在不同元素中取得和谐，而珠江三角洲的建设实践正在导向日益加剧的差异化。这种"基于它的不同部分之间有可能存在的最大差异"，导致了"持久的策略恐慌气氛"(a climate of permanent strategic panic)，而且在这种气氛中，机会主义和意外成为每一天的秩序。

从历史的角度，彼得·罗和关晟在《承传与交融：探讨中国近现代建

---

① 蔡德道.岭南建筑是否已消失 // 杨永生.建筑百家评论集［M］.北京：中国建筑工业出版社，2000：66-69.

② 郑振纮.不惑之年的困惑——评析岭南建筑的后劲 // 杨永生.建筑百家评论集［M］.北京：中国建筑工业出版社，2000：70-74.

③ 肖毅强.岭南现代建筑创作的"现代性"思考［J］.新建筑，2008（5）：8-11.

④ 刘宇波.回归本源——回顾早期岭南建筑学派的理论与实践［J］.建筑学报，2009（10）：29-32.

⑤ Chuihua Judy Chung, Jeffrey Inaba, Rem Koolhhas, Sze Tsung Leong. Great Leap Forward［M］. Germany：Cologne，2002.

筑的本质与形式》(Architectural Encounters with Essence and Form in Modern China)[①]一书中也深入浅出地探讨了中国现代建筑的发展进程。全书着眼于"体"和"用"二字，也就是本质和形式，将一个多世纪里中国现代建筑理念和实践探索中的矛盾和争议展现了出来。谈及林克明等人所创作的"中国固有式"风格时，他们认为这在当时是适应世界潮流的，并且在"体用"之间明显倾向于"中学为体"，对此有着积极的评价，说明当时的岭南建筑师非常强调建筑的本质问题。论到当下的岭南建筑创作时，他们一方面肯定了其在对建筑外形进行大胆尝试的同时，仍坚持一以贯穿的设计基本原则；另一方面则在提醒岭南建筑师，纷繁的建筑形式并非随意为之，而是由其所在场所与所要体现的象征意义而决定。

经过近百年的实践发展，岭南建筑师以及相关研究者已积累了相当的认知和体会，并且伴随着思想的成长，对于不同声音的接纳度也日益提升，显然这是值得肯定的，因为一个学派的成熟离不开自我反思与批判。作为以其为对象的理论研究，在记录、分析、挖掘其历程、背景与思想的同时，还应责无旁贷地肩负起推动其自省、蜕变、永葆生命活力的重担。

1.2.2　现有研究缺憾

通过分析上述文献，可以发现在岭南建筑学派的相关研究中，对其作品构思、创作手法等较具体的评论性研究数目相对较多，关于岭南建筑师个人创作思想的研究也正在铺展。但到目前为止，研究仍存有如下几点缺憾：

首先，从时间维度来看，已有研究多为断代史研究，或是关于1949年前的近代建筑发展，或是1949年后至改革开放之前的现代建筑发展，或是改革开放后的当代建筑发展。事实上，岭南建筑学派的发展历经了诞生、萌芽、成长、成熟等一系列过程，其前后时间跨度长达近100年的时间，只有抛开政治事件的时间划分界限，充分尊重其自身的自然生长，才能够较为全面地剖析和审视学派的历程及其特点。

其次，现有的岭南建筑学派相关研究主要以创作实践及其作品为主线。尽管以《现代岭南建筑发展研究》[②]《岭南建筑创作思想——60年回顾与展望》[③]《以岭南为起点探析国内地域建筑实践新动向》[④]为代表的学术论文对中华人民共和国成立后的岭南建筑创作实践活动进行了历时性的梳理，但这类侧重于创

---

① Peter Rowe & Seng Kuan. Architectural Encounters with Essence and Form in Modern China [M]. Boston: TheMIT Press, 2002.

② 刘业. 现代岭南建筑发展研究 [D]. 南京：东南大学，2001.

③ 何镜堂. 岭南建筑创作思想——60年回顾与展望 [J]. 建筑学报，2009 (10)：39-41.

④ 陈昌勇，肖大威. 以岭南为起点探析国内地域建筑实践新动向 [J]. 建筑学报，2012 (2)：68-73.

作实践和作品的研究还尚未能完全展现岭南建筑学派创作的全貌，与之相对应的建筑师思想作为其创作发展的两翼之一，还需要得到更广泛的关注和更深入的探讨。

再次，从空间结构来看，现有研究成果尚处于"点"和"面"的阶段，即较多关注于建筑师个体或其中的某一创作团体。在此基础上，还需要进一步将其用"线"串联起来，从而展现一个完整学派上下承继、左右关联的逻辑结构。

最后，岭南建筑学派作为中国现代建筑创作的一个重要分支、作为现代建筑在世界范围内的地域性拓展，还需要将其与中国乃至世界其他地域建筑创作相比较，从而凸显自身有异于或相似于他者的规律，为确立自我的文化认同和在未来的可持续发展起到极大的参考和借鉴作用。因此，研究的视角还需扩大，不仅要立足于建筑学学科，还应广泛地与社会学、美学、心理学、政治学、经济学、人类学等学科展开交叉综合式研究，从而更加深刻地揭示出掩藏在创作表象之下复杂而又多元的动力。

1.3 研究对象与范畴

1.3.1 岭南建筑学派

自 1989 年艾定增教授在《建筑学报》撰文明确提出"岭南建筑学派"概念后，关于岭南建筑学派，虽已有一定数量的研究论及，但"岭南建筑学派"内涵和外延的具体所指，却鲜有深入探究。东西方学派的发展历程表明，师承、地域、学说是其依赖的三种主要因缘，即可由此分为以师承关系为中心的"师承性学派"、以文化和学术活动昌盛地区为中心的"地域性学派"、以理念和观点相近为中心的"学说性学派"。这三者并非泾渭分明，常常互有关联。

"岭南建筑学派"同时兼具师承、地域、学说这三大因缘，因此，在确立本书的研究对象和范畴时，应综合考虑到这三个层面的因素。首先，"岭南建筑学派"立足于以现今的华南理工大学建筑学院（前身为 1932 年创办的勤勤大学建筑工程系）为主体的教育阵地，自其办学之初起至今的与之教育、教学相关的人员（包括领导、教师、学生等）都属于本研究的范围；其次，在岭南地域成长、深受岭南文化熏陶，并在其实践中体现出岭南文化精神的建筑师也属于本研究的范围；再次，一个学派的成立与否还取决于其哲学主张、创作思想的一贯性，具体手法可有不同，但是一股或若干个志同道合的思想及其演变汇聚而成的学派，才呈现为一个较为完整的艺术现象，因此秉持同一个方向的创作理念是判别"岭南建筑学派"研究范围的又一标准。综合而言，满足以上三类标准的建筑师及其创作思想归属于本书的核心研究范畴。

1.3.2　现实主义创作思想

首先，本书的研究焦点集中于岭南建筑学派的创作思想，共包含两个层面的含义：

一是创作思想的横向范围界定。一般而言，相较于体系性的理论，"思想"具有更大的包容性，因此无论是岭南建筑师自身创作思想的著述、个人关于作品构思的解析，还是他者对岭南建筑学派的研究以及对其建筑作品的评论，都将成为本书的主要研究对象和素材来源范围，目的是为了尽可能完整地对岭南建筑学派发展至今的创作思想有所关注，展现其从局部到整体、从零散到系统的一个过程。需要指出的是，尽管岭南传统建筑理论研究是岭南建筑理论的重要组成部分，但本书的关键词在于"创作"，无关"创作"的思想研究将不列为本书的主要研究对象，仅在有所涉及的时候作为分析创作思想的辅助支撑。

二是创作思想的纵向范围界定。在时间上，以现代主义建筑思想传入岭南作为起点，将传统学术意义上的近代和现代的分段研究整合起来，梳理出自1930年代起至今近百年间岭南建筑学派探索现代建筑创作的思想历程，以期将原本拆散的、模糊不清的历史线索重新衔接起来，探析其思想演变的真实规律。

其次，本书也并非要对岭南建筑学派创作思想发展过程进行全景式的描述，而是在文本素材的基础之上，剖析出其创作思想的核心价值和主线。

通过前期的资料搜集、解读、归类、分析可以了解到，到现在为止，尽管岭南建筑师提出了具有丰富内涵的创作思想，但却尚未形成一个完整的理论体系。面对这一现状，从何种视角展开研究是不得不思考的问题，然而，最终还是从岭南建筑师自己的创作思想中找到了答案。由于笔者自身的建筑美学专业背景，使得在阅读岭南建筑师的创作思想时一直带着理论分析和批判的眼光，从大量文献中发现，其创作思想实质上由始至今都表现出鲜明的"现实主义"特色，而"现实主义"已是美学理论当中一个较为成熟的思想体系。因此，本书借鉴美学理论的研究视角，以岭南建筑学派创作思想自身所表现出的"现实主义"为主线，对其思想内涵及发展历程做一个论述。

全书认为，岭南建筑学派的建筑师秉承岭南文化开放务实、兼容创新的精神，立足现实条件，直面现实问题，把握现实矛盾，以高扬现代主义理论旗帜、凸显地域文化特色为基点和起点，通过创新而多样的建筑创作，表达和传递出理性、务实的文化价值理念，历经近一个世纪的历史变迁和社会发展，薪火相传、一脉相承，形成了具有丰富内涵的现实主义创作思想。沿着现实主义这条核心价值和主线，期望就其中的若干重要理念、节点和事件进行详尽、深入的分析，论述主次分明、轻重得当。

本书将回归到现实主义理论的原初内涵与精神，即树立用艺术表现现实、批判现实、超越现实的标准，使之恢复自身所具有的独立性，并保持一个开放的、具有自我更新能力的价值体系。在这一认知基础上，再回顾与思考岭南建筑学派的创作思想渊源和发展，以其创作思想的意识焦点为划分标准，宏观地归纳为三个具有阶段性的维度——1930 年代至 1960 年代的功能现实主义创作思想探索；1950 年代至 1990 年代的地域现实主义创作思想探索；1980 年代至 2010 年代的文化现实主义创作思想探索（详见附录 1）。

这里需要指出的是，功能现实主义、地域现实主义、文化现实主义三个维度的界定并非是清晰而决然的，因为思想的发展自会有其交叉和重叠之处。作为研究者，出于尊重客观史实的态度，不应武断地将其割裂开来，因此该时间节点仅仅是起到一个模糊界定的作用。除此以外，作为一个具有整体性的创作思想，三个维度还具有空间构成上的关系，即三个维度分别是每一时段的思想侧重点，但并非等同于全部，也并不意味着随着下一个时段的迈入、上一个时段的探索就戛然而止。可以说，三个维度贯穿岭南建筑学派创作思想的发展始终，呈现为一个逐层递进、内涵不断丰富和扩大的一个过程，共同支撑起岭南建筑学派的现实主义创作思想。

1.4 研究方法

本书拟采用建筑史学与建筑美学相结合的综合研究方法，主要围绕表述和传达思想的"文本"展开，同时以其作品和相关作品分析为辅，构建关于岭南建筑学派现实主义创作思想的研究体系。

1.4.1 史料取材与事实陈述

占有丰富的史料是确保理论研究完整性的必由之路，搜集、检索、鉴别、分析、解读史料的重要性，当是众所周知，在此无须赘言。但要提出的是，本研究的取材范围并不仅限于建筑学科，而是扩大到社会、文化、经济、科技等学科，以便形成客观、完整的事实陈述，从而比较深入地了解岭南建筑学派创作思想的社会根源、思想贡献、理论特质、影响范围、历史作用，进而客观、全面、准确地判定其历史价值及现代意义。

1.4.2 文本分析与思想解读

文本分析是理论研究的基础性工作。本书的立场是，既不把研究对象看作是静止的，也不静止地去研究对象，而是消解"文本"的静态性特质，从中理出一种动态的社会关系，即通过文本来看出它可能产生的社会效果，以及为了它实现和使其成为可能的主体或文化形式。具体到思想解读的过程中，本书期望视文本为一种文化的存在形式，它只是一种原材料，从中抽取出更丰富和广阔的话语领域，通过"由外而内"的逻辑推理，把握每一个流动的时刻，建构或重构岭南建筑学派的意识和主体性。这一研究的开展不仅是抽丝剥茧的解构，也同时是一个布丝织网的建构过程，在其中不断生产新的和富有挑战性的观点和主题，从而更好地了解岭南建筑学派的生存状态以及思想世界。

1.4.3 对比思考与理性批判

通过与同时代其他地域建筑流派的对照，以明晰岭南建筑学派创作思想的原创价值、以肯定它的真实起源（是历史启发了它，还是其他建筑流派启发了它，抑或是它启发了其他建筑流派）、以认识其中必然会发生的取舍和扬弃，从而检测岭南建筑学派的创作思想究竟处于何种状态，是发展的、停滞的，还是倒退的，这是取得评定其历史地位和客观价值的基本依据。对于理性批判而言，最终的理论研究要实现研究对象的价值。本书将站在既定的价值体系之外，公正地评论岭南建筑学派的创作思想，肯定其积极向上的新鲜因素、新生事物及其所代表的社会发展趋势，也客观地指出其缺陷和不足，期冀为其今后的更大发展起到促进和推动作用。

1.5 本书框架

如图 1-1 所示（见下页）。

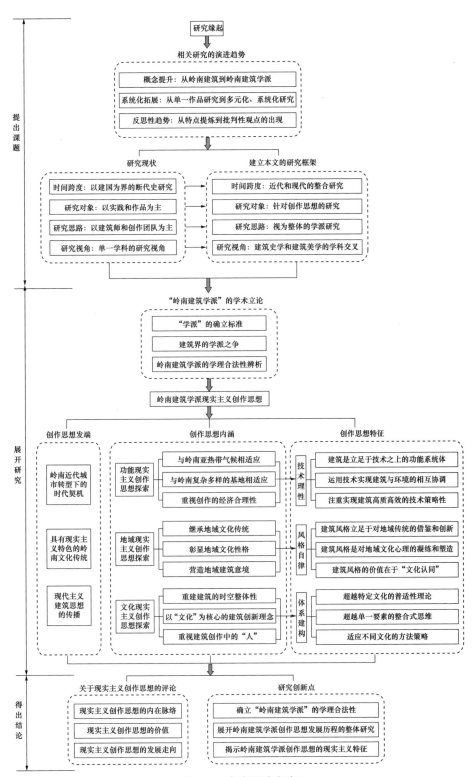

图 1-1 本书研究框架

图片来源：作者自绘

第2章 "岭南建筑学派"的学术立论

"岭南建筑学派"既指向地域，又指向学科领域，它兼具了"学派"所具有的共性，并立足于学科、地域的个性。要分析和确立"岭南建筑学派"成为一个研究对象的学理合法性，就必须由外向内、由广至狭地层层剥开。为此，本章依次从广义上的"学派"、建筑学科领域的学派、立足于岭南地域的建筑学派这三个层面展开，以期较为全面和客观地阐述其所能够立论的依据。

2.1 "学派"的确立标准

2.1.1 中西学术史上的代表性学派特征

西方学术史上的学派可以追溯到古希腊时期，英文的"school"一词即从希腊文的"skhole"演变而来。在希腊文中，"skhole"可引申为"空闲、闲暇"之义，与古希腊上层人士崇尚自由、参与辩论和探讨真理是一致的。于是众多辩论、讲学和演讲的场所就应运而生，这些场所即成为现代意义上的"学院"或"学校"的前身，而"school"一词也在此基础上逐渐衍生出"学派"这一层含义。

有了思想传播的阵地，自然就会有众多前来"听讲"的"门徒""学生"或"弟子"，由此，以演讲者为核心或是以形成的师承关系为核心的学派就逐渐诞生了，如古希腊著名的柏拉图学派、毕达哥拉斯学派、小苏格拉底学派等，皆是围绕着哲学家的思想而形成的学派。此外，还形成了以地域名称来命名的学派，如以古希腊城邦来命名的米利都学派、爱菲斯学派、爱利亚学派等。随着思想的不断繁荣和深化，许多理念上的差异或对峙也形成了以观点和学说为核心的学派，如当时由一批观念相近的哲学家和智者所组成的"智人学派"。

学派的兴盛，是思想自由与言论自由氛围的表现和产物。源远流长、种类繁多的派别，犹如繁星一般，照亮了整个西方学术智慧的夜空。直至近现代，西方学术界中的"学派"已不计其数，并仍然层出不穷，如哲学领域的维也纳学派、法兰克福学派、伯明翰学派、符号学派；历史学界的年鉴学派、京都学派、兰克学派；心理学界的格式塔学派、精神分析学派、功能学派、柏林学派、华盛顿学派；经济学界的奥地利经济学派、重农学派、弗莱堡学派、马歇尔学派、洛桑学派、凯恩斯学派；绘画领域的雅典学派、阿维尼翁学派、哈德逊河学派；音乐领域的德国小提琴学派、俄罗斯钢琴学派、北德管风琴学派；数学界的斯多葛学派、布尔巴基学派；物理学界的哥本哈根学派……仅举数例便可窥见西方学术史上的"学派"多如牛毛之风貌。

反观中国学术史，尽管现代科学学科的分类及其教育体制的引入不过百年的时间，但学派在中国并非新鲜事物，而是有着同样悠久的历史。

早在先秦时期，诸子百家便可称之为学派，其中尤以道家、儒家、法家、墨家最为典型，影响也最为深远。此后，有东汉的"荆州学派"、三国的"蜀学学派"、南北朝的"山东学派"。宋代作为中国文化思想发展的一个高峰期，涌现出诸多声名显赫的学派，如因周敦颐在湖南濂溪讲学而形成的"濂学"，因张载在陕西关中讲学而形成的"关学"，因程颢、程颐兄弟在河南洛阳讲学而形成的"洛学"，因朱熹在福建讲学而形成的"闽学"。此外，起源于宋、发达于明清时期的浙东学派，下设金华学派、永嘉学派、永康学派等分支，在浙江地区形成鼎足之势，成了宋、明、清学术中的显学，对近现代学术及东亚学术影响甚大。同时，伴随着宋、元、明的几次大规模移民，中原文化也开始南迁，与当地本土文化一起，逐渐发展出以湖南为中心的湖湘学派①。

到了明朝时期，当数阳明学派和东林学派最负盛名。阳明学派又称姚江学派，因创始人为浙江余姚人王阳明而得名，由于体系庞大、支脉复杂，清代学者黄宗羲在《明儒学案》一书中将其划分为浙中王学、江右王学、南中王学、楚中王学、北方王学、粤闽王学、泰州王学等 7 个支派，该学派对东亚，特别是日本学术产生了较大影响，成了日本的显学。东林学派，因顾宪成、高攀龙等学者在江苏无锡的东林学院讲学而得名，面对明末社会矛盾激化的状况，以江南士大夫为核心的东林学派提出了积极的政治主张和鲜明的学术见解，对于当时乃至之后的社会思想发展都起到了重要的推动作用。而远离中原腹地的岭南，也在明朝中晚期由陈献章创立了岭南学派（又称江门学派），成为明朝诸多具有影响力的理学流派之一。

清朝时期，在"文字狱"的强权压力之下，许多学者纷纷寻求明哲保身之路。转向历史研究的乾嘉学派以搜集和编辑文献典籍为著称，在乾隆、嘉庆两朝达到鼎盛。主要以经学典籍《春秋公羊传》为研究对象的庄存与、庄述祖、庄绶甲、刘逢禄等学者，也在清朝中后期形成了公羊学派。

在现代学术领域，最为知名的当数新儒家学派，其汇聚了熊十力、梁漱

---

① 陈吉生.试论中国民族学的八桂学派（一）[J].广西社会科学，2008（7）：17-20.

溟、马一浮、张君劢、冯友兰、钱穆、方东美、唐君毅、牟宗三、徐复观、成
中英、刘述先、杜维明、余英时等一大批活跃在海内外的中国哲学家，形成了
在新时期进行儒学研究的一股强大力量。

综上所述，本书非常简要地梳理了中西方学术史上极具代表性的学派，但
意图不在此，而是希望通过诸多学派的集中呈现，用史实来表明和凸显学派在
千百年的发展中所具有的某些共性和特征。从中可以归纳出以下几点：

一、从形成和命名来看，中西方学派大致遵循了三个标准：地域、师承、
学说。由此，可相应地划分为"地域性学派""师承性学派"和"学说性学派"，
但这三者常常紧密相关，绝非泾渭分明。

二、从学派的核心体来看，绝大多数均是以学派领袖和学派思想为主。地
域虽是划分学派的一种标准，但这并不是决定性因素，即使在同一地域范围
内，出于对持不同思想的领袖的拥护，也极易形成相对立的学派，譬如同在中
华大地之上，南宋时期就出现了朱熹的"闽学学派"、陆九渊的"象山学派"
和浙东的永嘉学派的三足鼎立。而即使在师承关系中，因意见相左而导致学派
分流或另立门户也是极为正常的学术现象，如亚里士多德就曾以"吾爱吾师，
吾更爱真理"来回应其脱离柏拉图学派而独自创立逍遥学派的学术行为。归根
结底，学派的凝聚力在于共同的学术思想、观点和追求，并会紧紧围绕在持有
这些思想和观点的领袖周边。

三、从学派发生的时间来看，绝大多数均涌现在历史发展的十字路口。客
观而言，历史的转折点虽会对学派赖以生存的稳定环境产生负面影响，但更加
多样化、更加激烈化的社会思想的涌现，能够为学派繁荣提供天然的素材、养
料以及最宝贵的自由呼吸和成长的空气。同时，作为具有历史使命感和社会责
任感的知识分子和学者，在社会多种现象的激发下，也往往会在这一时期迸发
出强烈的思想火花。可以说，学派也直接或间接地成为了历史前进的推动者
之一。

2.1.2 "派""流派"与"学派"

然而，在回溯历史的同时会发现，在"学派"之外，还存在着数量众多的
"派"和"流派"，它们也同样在中西学术史上占据了不可小觑的分量。那么，
一个疑问产生了，即"派""流派"和"学派"之间究竟是何关系？三者共同
指向同一个含义还是有所不同？如果不同的话，差别在哪里？

在《大不列颠百科全书》中，作为"学派"的"school"如此定义：

"a: a group of persons who hold a common doctrine or follow the same teacher
(as in philosophy, theology, or medicine);

b: a group of artists under a common influence;

c: a group of persons of similar opinions or behavior; also the shared opinions or behavior of such a group."

可以看到，与上一节所归纳的学派特征相一致，"人"与"思想"是该定义中"学派"的核心要素。再仔细对比中英文文献还可以发现，这一问题实际上在英文类理论当中得到了有效的规避。"school"在英文文献中几乎均指向"学派"的含义，被其冠以"school"之名的学术团体均具有学派的特征，即有稳定的学术阵地、核心的学术思想以及秉承核心学术思想的学术领袖，并在相对固定的领域内形成了较为稳固的学术整体；而"流派"的含义在英文文献中则更多采用"style""-sim"这类词汇，这一现象正好与中文文献中的"流派""风格、主义"等词汇高频率同时出现相吻合。需要指出的是，本书在这里并非要探讨一个语言翻译上的问题，而是期望从语言中窥探到"派""流派"与"学派"之间的差别，进一步深入论证学派的特征。

在中文文献当中，还有一个现象值得关注，即"派"和"流派"频繁地出现在艺术领域。查询《中国大百科全书》时可以发现，关于"派"或"流派"并无单独的词条，而是与特定领域相关联，如文学流派、美术流派等。其中，文学流派定义为"文学发展过程中，一定历史时期内出现的一批作家，由于审美观点一致和创作风格类似，自觉或不自觉地形成的文学集团和派别，通常是有一定数量和代表人物的作家群。"美术流派定义为："在某一特定地域中从事创作的美术家群体，是美术流派通常包含的一类意义。在共同的文化背景与社会条件之下，于同一地域从事创作的美术家们往往会持有类似的艺术观念，关注类似的题材，采用类似的形式与材料，进而形成相近的艺术风格。"显然，艺术理论中对于"风格"和"主义"的评判标准，最直接和最重要的是按照其艺术表现的形式，而思想和观念虽是艺术家们所想要表达的主题，但实际上，艺术形式往往被作为最强有力的思想武器，明确、直观地向人们展示出艺术家的倾向和主张，成为一个艺术流派的构成基础和核心。

从"派"和"流派"的发展来看，往往并不局限于特定的学科领域和地域。譬如艺术史上的浪漫主义流派，分别在文学、诗歌、绘画、音乐当中产生影响，并分别在英国、法国、德国、俄国、美国等国家涌现；又如构成主义流派，也是在绘画、雕塑、建筑、工业设计、艺术理论等多个领域中发生，它虽源起于俄国，却广泛地扩散至西欧等地。这说明"派""流派"的成熟标准除了思想要素之外，更在于是否形成了广为流传的形式和风格，它虽有领军人物，但有可能仅仅起到的是开拓作用，只要其艺术形式和风格一直存在，无论在哪个学科领域，无论为谁所创造，无论在哪个地域，无论发展至什么时代，该"派"或"流派"就可以说一直存在，受人物、学科、地域、时间的限制较小，流动性较大。与之形成对照的是，"学派"则立足于一定的学术阵地，从属于一定的学科范围，以学术思想和学术领袖为核心，尽管会形成一定的学术辐射力，但"学派"的发展和存亡仍受控于思想和领袖的存在状态，并且很大程度上在该学科范围内发挥作用，稳定性较强。

总体而言，尽管"学派"与"派"和"流派"存在着某些关联，但在本质特征上，"学派"与"派""流派"并不能等同视之。"学派"一般产生于特定学科范围内，有特定的学术阵地，以学术思想和学术领袖为核心；"派""流派"并不局限在特定学科范围，其思想倾向和观点可以在诸多学科领域产生影响，并以特定的形式和风格为鲜明体现，具有极高的形式辨识度，它们也不局限于特定的地域范围，只要接纳该观点，表现出该"派"或"流派"的风格和形式，就可归类为该"派"或"流派"。

2.1.3 现代科学学派的确立标准

通过历史的纵向梳理和概念的横向比较，对于"学派"的认识正逐渐清晰。本节将从现代学科发展的角度，来论述现代科学学派确立的标准。

鲍健强在《现代科学学派形成的机制和特点》一文中宏观地论述了现代科学学派的产生背景、发展机制和未来走向。他指出，现代科学学派是现代科学背景下的产物，正是由于现代社会的转型以及现代科学的模式特点，学派成了其必然的发展结果；而学派的发展机制在于"杰出的科学家周围会形成由'马太效应'所产生的强大'磁场'，吸引优秀的后学。……科学中的'马太效应'转化为'雪球效应'。既在学派领袖和导师的扶植、培养下，年轻的科学家迅速成长，并以累累的成果，辈出的人才，提高了科学学派的声望。与此同时，学派的声望又强烈地吸引和影响着更多的科学家，科学优势不断积累、扩大。最后，科学学派的新理论、新方法、新范式逐渐为整个科学共同体所承认和接受，科学学派本身也仅作为一种历史而存在"[①]。而后，学派也会出现繁衍和增生，在新的科学家群体中得到继承和发扬，从而形成新的科学学派。

李伦在《试论科学学派的形成机制》一文中，同样从整体的角度探讨了学派的产生、形成和衍化，其中尤为突出的是两个方面：一是明确了学派形成的两个必要条件——"核"和"共同体"。所谓"核"即是理论纲领和领袖人物，理论纲领应是具有革命性或根本性以及前科学性的"优势种"，而领袖人物则应当是极富人格魅力的知识权威和导师权威，这两者通过共同吸引更多的学者来保证学派日益壮大的实现；所谓"共同体"即具有以"核"为中心进行聚合，与外界进行师生互择，以及"共同体"内部进行科学论争的一系列特点。二是

---

① 鲍健强. 现代科学学派形成的机制和特点 [J]. 科学技术与辩证法, 1989 (6): 60-61.

细化了学派发展走向的可能性，除了繁衍和增生，该学者还提出了学派分化的问题。新的重大学术突破、学术思想的巨大分歧、学术思想的跨学科移植均可成为学派分化的原因，而出现发展壮大或日渐式微也是学派分化所导致的正常现象 ①。

吴致远在《科学学派的本质特征析说》一文中将学派的本质特征归纳为内聚性、自主性、传承性、创造性、自组织 5 个要点，这几乎囊括了学派的发展规律、本质属性、组成要素、表现特征、未来走向等方面，成为确立学派成立标准的重要参考 ②。

借鉴上述理论，并结合关于学派发展的纵向历史梳理和横向概念比较，本书认为现代科学学派的成立应达到以下几项标准：（1）从属性上来说，学派并非特定的官方研究机构，与学会、协会、科研院所等单位相区别，它不服务于某一功利目的，具有非功利性特点；（2）从组成上来说，学派立足于特定的学科领域和学术阵地，由一定数量的学者组成学术团体，并凝聚在该学派的学术权威和精神领袖周边；（3）从内容上来说，学派具有共同的、明确的学术思想和主张，其学派成员具有大体一致、类似或接近的学术倾向和理想；（4）从表现上来说，学派能够为学界提供丰硕而且不断创新的学术成果，在学界产生强大辐射力和影响力，被理论家和评论家所认可。

2.2 建筑界的学派之争

在对"学派"形成基本认识之后，本书的研究视野转至建筑学科领域，继续探究这一专门领域中"学派"所具有的学科特性和价值。

2.2.1 现代建筑史上的代表性学派及其影响

众所周知，西方建筑史上的建筑流派和风格更迭无数，从最古老的古埃及建筑、古希腊建筑、古罗马建筑，到中世纪的巴西利卡、罗马建筑、哥特式建筑，到文艺复兴建筑、巴洛克建筑、法国古典主义建筑、洛可可风格、帕拉第奥主义，再到近现代的工艺美术运动、新艺术运动、未来派、风格派、构成派，以及现代主义建筑和现代主义之后的诸多流派。正如上述分析所言，建筑流派紧密对应着建筑风格，明确地表现在建筑形式上，因此造成了西方建筑形式积淀的丰富化和多样化。由此可以看到，作为艺术的一个门类，形式对于建筑的重要性。

---

① 李伦. 试论科学学派的形成机制［J］. 科学学研究，1997（9）：17-23.

② 吴致远. 科学学派的本质特征析说［J］. 科学管理研究，2003（10）：37-41.

然而，从"学派"的视角来看，形式并非其最重要的部分。按照学派的标准，如同其他领域一样，西方建筑史上的学派绝大多数都出现在现代科学诞生以后的近现代时期。其中，已得到公认、影响较大的有维也纳学派、芝加哥学派、包豪斯学派等。

维也纳学派是在新艺术运动的影响下，以维也纳艺术学院教授瓦格纳（Otto Wagner）为首的一个建筑学派，他曾在 1895 年发表了《新建筑》一文，指出在工业时代的影响下，新结构和新材料的出现必然会导致新形式的出现，因此极力反对历史式样在建筑上的反复重演。其后，该学派成员霍夫曼（Joseph Hoffmann）、莫瑟（Koloman Moser）、奥布里奇（Joseph M. Olbrich）、麦金托什（Charles R.Mackintosh）等人，因观点更为强势和极端，在此基础上又发展出维也纳分离派，即意指要和所有的传统相分离，强调设计的实用功能，注重艺术与技术的结合。该学派的代表作品有维也纳邮政储蓄银行（图 2-1）、分离派展览馆（图 2-2）等，同时还在室内设计、家具设计、平面设计等领域产生了深刻影响，其共同之处都在于追求简洁的直线风格和几何形态的造型。维也纳学派的观点展现出欧洲建筑师摆脱传统、走向现代的思路和决心，对其后现代主义建筑的产生影响较大，尤其影响了荷兰的贝尔拉格（Hendrik P. Berlage）、芬兰的埃利尔·沙里宁（Eliel Saarinen）等现代建筑大师。

图 2-1 维也纳邮政储蓄银行
图片来源：《现代建筑：一部批判的历史》，
生活·读书·新知三联书店，2004.

图 2-2 维也纳分离派展览馆
图片来源：《现代建筑：一部批判的历史》，
生活·读书·新知三联书店，2004.

几乎同一时期，在美国兴起了另一个重要的建筑学派——芝加哥学派。该学派以詹尼（William Le Baron Jenney）、沙利文（Louis H. Sullivan）等建筑师为代表，提出"形式追随功能"的思想，注重建筑的内部功能，强调结构的逻辑表现，追求简洁、明确的建筑形式，以在建筑中大量采用钢铁、玻璃幕墙等材料为典型特征，代表作品有芝加哥百货公司大厦（图 2-3）、温赖特大厦（图 2-4）等。尽管该学派在短暂的繁荣之后，由于缺少历史传统与文化内涵而走向了终结，但不可否认的是其在适应社会需要快速建设中所发挥的积极作用，更重要的是对此后现代主义建筑的发展所起到的深远影响。特别在芝加哥学派的发展后期，赖特以崇尚自然的有机建筑理论挽救和丰富了芝加哥学派的建筑思想，也使其个人成了与勒·柯布西耶（Le Corbusier）、密斯·凡·德·罗（Ludwig Mies Van Der Rohe）、沃尔特·格罗皮乌斯（Walter Gropius）相并列的四大现代主义建筑大师。

图 2-3　芝加哥百货公司大厦

图片来源：《现代设计的先驱——从威廉·莫里斯到格罗皮乌斯》，中国建筑工业出版社，2004.

图 2-4　温赖特大厦

图片来源：《现代设计的先驱——从威廉·莫里斯到格罗皮乌斯》，中国建筑工业出版社，2004.

　　包豪斯学派是 1920 年代以创立于德国魏玛的"公立包豪斯学校"为阵地的建筑学派，格罗皮乌斯是该校的创始人，同样也是该学派的核心人物。在他的号召下，约翰·伊登（Johannes Itten）、瓦西里·康定斯基（Wassily Wasilyevich Kandinsky）、保罗·克利（Paul Klee）、利奥尼·费宁格（Lyonel Feininger）等一大批艺术家和设计师集中到该校，共同探讨设计新理念，创造出一套以功能、技术、经济为主的全新建筑观、教学观和方法论。格罗皮乌斯在 1919 年发表了包豪斯宣言，宣称"建立一个新的设计师组织，在这个组织里面绝对没有那种足以使工艺技师与艺术家之间树立起自大障壁的职业阶级观念。同时我们将创造出一栋融建筑、雕刻、绘画三位一体的新未来殿堂，并用千百万艺术工作者的双手将之矗立在云霄高处"①，以表达对于建筑、工艺、技术、艺术等多门类学科相融合的强烈愿望。包豪斯学派的代表作品并不多，以包豪斯校舍（图 2-5）最为典型，但其注重手工艺、空间、功能、结构、材料、经济的创作理念，不仅深刻影响了此后世界各地的建筑实践和建筑教育，还广

---

① 王建柱.包浩斯.现代设计教育的根源［M］.台北：艺风堂出版社，2003（5）：46.

泛辐射至工业设计、平面设计、室内设计、现代戏剧、现代美术等领域，开启了诸多艺术门类对于现代主义的探索。

图 2-5   包豪斯校舍

图片来源：《现代建筑：一部批判的历史》，生活·读书·新知三联书店，2004.

通过简要回溯这三大建筑学派可以更加清晰地看到学派的两个特点：首先，具有鲜明风格的形式是学派昭然于世的武器和载体，尤其是对于建筑而言，与其学术思想和观点相一致的形式表达不可忽视，然而，随着时间的流逝，形式往往流于黯然，甚至成为学派发展的绊脚石，因此，即使是在以作品表现为最终成果的建筑学科领域，形式也并非是学派存在的根本；其次，学派的存在具有极其重要的价值，它能集结人才、凝聚力量、扩大影响，更是孕育新理论、新大师、新成果的摇篮，对于启发后来者进行更深入的探索、促进学科的往前推进作出了不可磨灭的贡献。

2.2.2   国内建筑界对于提倡学派的忧虑与呼吁

尽管学派对于学科发展能够发挥极大的积极作用，但面对当下的中国建筑创作现状，对于学派的忧虑不无存在。

曾有学者对中国建筑市场无视功能、技术、经济等问题而盲目在形式上追随建筑流派的现象进行了批判，并将其概括为三个方面的原因：一是对流派产生的社会条件、文化背景语焉不详，无法认清其积极因素和消极作用；二是为了迎合业主的"出风头"思想和"从众"心理；三是评判建筑创作水准的标准主观性太强，尚未有基于建筑本体的客观标准。如此这般，建筑的"风格"、"流派"仅以片断的形式冲击着市场，形成了若干不利于繁荣建筑创作的倾向。为此，作者毫不犹豫地提出了在当下应该"淡化'风格'、'流派'，提倡'优秀建筑'"的呼吁①。

吴良镛先生在《从"广义建筑学"与"人居环境科学"起步》一文中指出：

---

① 邹德侬，杨昌鸣，孙雨红.优秀建筑论——淡化"风格""流派"，创造"优秀建筑"[J].建筑学报，1994（8）：36.

"没有一个学派是长盛不衰的"①，表达出对于学派存在的忧虑。的确，随着时间的迁移，学派的成长、成熟是一个具有客观规律的过程，学派的繁衍、分化、甚至消失也不无可能，这其实也正是现代科学学派的重要特征之一②。但是，不能因为如此就忽视学派存在的价值和意义，历史上诸多事实证明，现代学术的向前发展，许多正是建立在学派间前后相继的亲缘关系之上，往往后起的学派极大地受惠于先前的学派。"现代科学学派卓有成效的组织结构、研究方式、学术风格和科学精神，不断为不同的科学家群体或集团承认、接受、借鉴、仿效、创新、发展……它使科学学派繁衍、增生、兴旺、发达，从而推动现代科学的发展"③。吴良镛先生进一步阐释道："只有保持学术精神，不断进行新创造、新发展，才能在新的领域做出新的成就与创新，这个学术集体才能保持不衰"④。可见，吴良镛先生所反对的并非是学派研究，而是故步自封的学派团体。他也曾寄语中国建筑："我提倡'一致百虑，殊途同归'，'一致'就是共同的目标和方向，'殊途'就是需要中国学者必须从多路探索携手共建中国学派"⑤。

综上所述，无视理论与思想，过于注重风格和形式表象，过于关注个体内部而忽略外部环境，这些都是对学派产生忧虑的重要原因。

与此同时，仍然有一批有识之士发出了明确的呼吁之声："在建筑创作中应允许建筑师形成个人的或创作集体的风格，以汇成整个国家、时代的风格。创作思想、风格相近的建筑师组成相对稳定的创作集体，有利于发挥集体的智慧和力量，促进创作水平的提高"⑥。"对我国建筑创作来说，只有鼓励和提倡流派，才能加快繁荣与兴旺的进程。如果说市场经济是一种符合国情的宏观方法论的话，那么在建筑创作中引入竞争、倡导流派，乃是一种行之有效的具体方法。开展各种不同观点、不同流派的相互争鸣、讨论、竞赛、评论，使平稳沉默的中国建筑论坛热烈活跃起来，应是中国现代建筑创作新复兴的前奏曲"⑦。

即便是对学派发展持保守意见的学者也表明："这里所说的淡化'风格'、'流派'，是针对当前不成熟的建筑市场而发的，绝不是心胸狭窄地排斥'风格'、'流派'以及'先锋建筑'，恰恰相反，还要更加努力地研究它们。不过，在弄清它们的来龙去脉之后，还要用优秀建筑标准这把手术刀加以解剖，吸收其中优

---

① 吴良镛.从"广义建筑学"与"人居环境科学"起步［J］.城市规划，2010（2）：12.

② 李伦.试论科学学派的形成机制［J］.科学学研究，1997（9）：23.

③ 鲍健强.现代科学学派形成的机制和特点［J］.科学技术与辩证法，1989（6）：69.

④ 吴良镛.从"广义建筑学"与"人居环境科学"起步［J］.城市规划，2010（2）：12.

⑤ 吴良镛.建筑学："科学革命"与自主创新——我的学术探索回顾［EB/OL］.http://wenku.baidu.com/view/5d48fe3767ec102de2bd8912.

⑥ 现代中国建筑创作研究小组.建筑学报，1985（7）：32.

⑦ 李世芬.创作呼唤流派［J］.建筑学报，1996（11）：29.

秀的成分，创造我们的优秀建筑。这是淡化'风格'、'流派'又一层含义"①。

环顾中国建筑创作的现状，可以说已经初步具备了形成多元局势的若干条件，尤其是一些基于地域特色的创作群体正呈现出勃勃生机，大有形成学派之势。然而，学派作为客观现象，并非全然是自动生成的结果，需要从各个方面进行有意识地推动，促使其形成健康的发展机制，凸显它的积极意义。对其进行理论研究正是挖掘学派价值、推动学派发展的重要工作之一。基于此认识，本书持着"大胆假设，小心求证"的态度，认为不论研究对象是否被广泛认可为一个学派，只要符合学派成立的标准、具备现代科学学派的基本特征，就可以尝试运用学派的视角和方法去进行分析研究。岭南建筑学派研究即以此为初衷。

2.2.3　建筑学派存在的价值

事实上，学派确有其存在的重要价值。

首先，学派有助于新理论的孵化。在强大的传统力量之下，势单力薄的新理论常常容易被忽略和轻视，甚至遭到扼杀和埋没。而在一个学派的圈子里，新理论能够通过集体的论争和试验得到多次反复的探讨和证明，日趋成熟和完善，同时，借助学派的强大影响力，更容易突破传统的屏障而在学术领域获得更快速的传播和更广泛的认可。譬如，上述所言的维也纳学派、芝加哥学派、包豪斯学派，皆是通过汇聚建筑界的各方人士，在同一信念之下，共同探讨、共同提倡、共同行动，从而将个体的力量转化为更为强大的整体力量，所提出的新理论、新思想对当地乃至全球的建筑创作、建筑理论、艺术理论、社会思潮都起到了重大且深远的影响。

其次，学派有助于人才的培养。在学术领袖的带领下，学派成员能够更快速、直接地接触到学科前沿问题，避免其学术上出现走弯路的现象，同时，富有才华的年轻学者还有机会获得学术上和精神上的支持和提携，尽早地在学术界崭露头角。另外，学派内部所形成的特殊群体规范和文化环境，潜移默化地塑造着学者的人格和气质，不仅学术领袖起着言传身教的作用，成员之间的紧密关联也是一个有效的约束，因此有助于学派成员素质和道德的提升，在极大程度上减少和消灭了学术不端行为。

最后，学派能够获得更多的资源实行优化配置。一方面，对于学者和学生而言，总是倾向进入声望较高的学术机构，追随享有较高声望的学术大师，这表明学派强大的社会影响力能够吸引更多的优秀人才；另一方面，学派能够将分散的科学资源得到集中，进行优化配置，从而激发出强大的力量，站在更高的学术平台，获得更高层次的学术交流机会。

---

① 邹德侬，杨昌鸣，孙雨红. 优秀建论——淡化"风格""流派"，创造"优秀建筑"［J］. 建筑学报，1994（8）：39.

既然学派具有如此多的存在价值，为何在我国近现代建筑史上却凤毛麟角呢？

据相关学者分析，原因有三：一是我国近现代史上缺乏科学发展所必需的稳定的社会环境，战乱不断；二是在中国传统文化中儒家思想长期占据核心地位，既导向一种尊古敬祖、循规蹈矩、不可僭越的道德标准，又导向一种"治技为下"的对科学的盲目偏见，中国学术史上的学派多属哲学思想领域或可为之例证；三是当前学术界具有急功近利的心理特征、"远香近臭"的观念特征和行政集权的模式特征①。

为此，有意识地推动我国自己的学派形成和发展，这对于学科自身建设，对于树立学科的学术自信与营造良好的学术环境，都将起到一个积极的引导作用。

2.3　岭南建筑学派的学理合法性辨析

按照如上所归纳的学派标准和特征，本节将展开对岭南建筑学派学理合法性的辨析，以对其进行学术上的立论。

2.3.1　岭南建筑学派的学术阵地

岭南建筑学派的学术阵地以现今的华南理工大学建筑学院为主体，依次历经了勤勤大学建筑工程系时期（1932—1938）、中山大学建筑工程系时期（1938—1952）、华南工学院建筑系时期（1952—1988）、华南理工大学建筑系时期（1988—1998）、华南理工大学建筑学院时期（1998—至今）。同时，与其形成紧密关联的还有华南理工大学建筑设计研究院（1979）、"旅游设计小组"（1964）、亚热带建筑科学国家重点实验室（2007）、华南理工大学建筑历史文化研究中心（1999）、华南理工大学民居建筑研究所（2001）等学术机构或团体（图 2-6）。

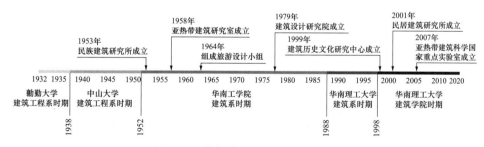

图 2-6　学术阵地演变及相关机构
资料来源：作者自绘

① 吴致远．谈造就我国科学学派的迫切性［J］．科学管理研究，2003（2）：39-40.

按照学派的特征，它具有特定的学术阵地，但学术阵地并不等同于学术机构，因此，我们不能简单地将岭南建筑学派等同于华南理工大学建筑学院或其他某一学术机构，仅可以说以某一机构为主体。认同其作为学派的学术阵地，是因为在这些机构当中，汇聚了较多的学派领袖和成员，并在此传播了其学术思想，以此为立足点产生了较强的学术影响。

2.3.2　岭南建筑学派的代表人物及学术思想

在近一百年的发展历程中，岭南建筑学派汇聚了众多的建筑师和学者，其中尤以林克明、胡德元、陈伯齐、龙庆忠、夏昌世、莫伯治、佘畯南、何镜堂等建筑师最为知名，形成了学派的核心力量。

留法归国的林克明是 1932 年勤勤大学建筑工程系的创建者，在教育中他积极宣传和提倡现代主义建筑思想，影响了大批建筑学子，为此后岭南建筑学派的创作思想奠定了基础和方向。胡德元留学于日本东京工业大学，在 1938 年日本侵华战争期间，将勤勤大学建筑工程系带入中山大学并任系主任，使勤勤大学建筑工程系得以完整保存。除此以外，毕业于 MIT 的过元熙和罗明燏、毕业于密歇根大学的陈荣枝、先后就读北卡罗来纳大学和哈佛大学设计研究生院的谭天宋、毕业于巴黎土木工程大学的金泽光、毕业于东京工业大学的杨金、毕业于宾夕法尼亚大学的李卓、毕业于康奈尔大学的林荣润、曾协助美国建筑师茂飞（H.K. Murphy）制定南京"首都计划"的黄玉瑜等均是勤勤大学和中山大学前期的主要教师。

1945 年，中山大学从粤北迁回广州，龙庆忠、陈伯齐、夏昌世加入到此时的中山大学建筑工程系。龙庆忠毕业于东京工业大学建筑系，是华南建筑历史与理论学科的开创者，创立了建筑防灾学和建筑文化学，他提出应把我国传统建筑的防火、防洪、防震、防台风与城镇规划、园林、古建筑的三保（保护、保管和保修）等方面的经验继承下来，主张建立由防灾学、建筑、城镇、园林规划设计及建筑修缮保护构成的学科体系。陈伯齐先后就读于日本东京工业大学和德国柏林工业大学，是亚热带建筑研究和创作的开创者，倡导以亚热带地区建筑理论与建筑设计为中心的办学宗旨，强调在理论基础上培养学生解决实际问题的能力。夏昌世先后毕业于德国卡斯鲁厄大学和德国图宾根大学，他大力提倡现代建筑思想，推行现代教育方法，重视建筑教育中的设计实践能力培养，强调设计动手能力，是岭南现代建筑创作的开拓者，同时他还注重对中国传统建筑的研究，曾于 1953 年和陈伯齐、龙庆忠、杜汝俭、陆元鼎等开展民居建筑研究，和莫伯治、何镜堂等开展岭南庭园建筑的研究。这三位教授坚持现代建筑的教育思想，坚持建筑创作中的技术理性态度和对现代性的追求，强调对地方历史文化和地域气候的关注，面对社会现实，探究经济、实用、美观以及具有岭南地方特色的创作策略，为岭南建筑学派开拓了岭南现代建筑创作、亚热带建筑科学研究、华南建筑史学研究等整体发展的学科建设道路①。

莫伯治和佘畯南最初作为 1964 年广州市政府领导下成立的"旅游设计小组"成员走进岭南建筑学派的历史。莫伯治毕业于中山大学土木建筑系，1950 年代与夏昌世共同进行了岭南庭园调研，并将调研成果积极应用于建筑创作中。莫伯治在"旅游设计小组"期间先后创作出白云山山庄旅舍、双溪别墅、矿泉别墅、白云宾馆、白天鹅宾馆等一大批著名的岭南现代建筑，在 1980 年代加入到华南理工大学建筑设计研究院之后，又与何镜堂等建筑师合作完成了西汉南越王墓博物馆、岭南画派纪念馆等作品，1990 年代成立个人建筑师事务所，以熟稔中国传统文化、庭园空间和建筑审美文化为著称，是岭南现代建筑风格的重要创造者之一。佘畯南毕业于交通大学唐山工学院建筑系，于 1949 年后回到家乡岭南，在广州市设计院任职，其代表作品有广州友谊剧院、广州流花宾馆、东方宾馆新楼、中山温泉宾馆以及与莫伯治共同主持设计的白天鹅宾馆，并与莫伯治同期被聘为华南理工大学建筑设计研究院的兼职教授。佘畯南以因地制宜、因人制宜、因钱制宜的观点和六度空间理论为主要思想，是岭南建筑学派的杰出代表，与莫伯治一道被建筑评论家曾昭奋评价为岭南建筑群峰的两座高峰。同时期，与其一起参与创作的还有林兆璋、陈伟廉、蔡德道、黄汉炎、陈立言、吴威亮、李惠仁等"旅游设计小组"成员。

何镜堂是华南工学院建筑系第一批研究生，师从于岭南建筑大师夏昌世教授，毕业后曾辗转于武汉、北京等地，于 1984 年回归岭南，在华南理工大学建筑设计研究院和建筑学院任职，其创作主要涵盖两大方面：一是文化建筑，以回归岭南之后的第一个竞赛作品——深圳科学馆为起点；二是校园规划与设计，通过紧紧抓住高校扩建、增建的时代趋势，共主持设计了中国 200 多所高校校园。1980 年代期间，他曾与时任华南理工大学建筑设计研究院兼职教授的莫伯治、佘畯南两位知名建筑师有过紧密的学术交往和合作，如与莫伯治共同设计了西汉南越王墓博物馆和岭南画派纪念馆。进入新世纪以来，何镜堂领导他的团队开始走出地域限制，通过参与竞赛招标的方式，将其创作铺展于中华大地，北至北京、天津、长春、洛阳，东至上海、南京、杭州、宁波、泰州，西至成都、重庆、拉萨、映秀、玉树，南至广州、深圳、澳门、三亚……岭南建筑学派由此逐渐增强了实力，扩大了影响，令业界刮目相看。在积极投身实践的同时，何镜堂不忘思考、总结和提升，于 1996 年首次提出了"两观三性"的概念雏形，并经过十几年的反复验证、丰富和深化，已日渐形成较具逻辑体系和理论深度的建筑思想。除此以外，他寓教于行，将教学与实践、研

---

① 华南理工大学建筑学院历史沿革［EB/OL］. http://www2.scut.edu.cn/s/58/t/32/92/03/info37379.htm.

究相结合，在取得丰硕的实践和研究成果的同时，还培养出了一大批优秀的后起力量，其学子中已涌现出了数位中国工程勘察设计大师、中国建筑学会青年建筑师奖获得者，为学派的传承和可持续发展打下了坚实的基础。

上述可见，近百年的发展历程中，岭南建筑学派在发展的每一阶段几乎都有着数位代表建筑师，他们以深厚的学术功底、鲜明的学术思想、优秀的创作水平吸引了大批建筑师、学者和年轻学子围绕在其周围，共同为岭南建筑学派的成长和壮大贡献力量。另外，这些代表建筑师并非独立的个体，他们之间以及他们和学派成员之间构成了千丝万缕的关联，如林克明和胡德元是勤勤大学建筑工程系时期的同事，龙庆忠、陈伯齐、夏昌世是中山大学建筑工程系和华南工学院建筑系时期的同事，夏昌世与莫伯治曾有过紧密的学术合作关系，夏昌世又是何镜堂的导师，莫伯治与佘畯南是"旅游设计小组"的共同主创者，莫伯治、佘畯南与何镜堂又曾是华南理工大学建筑设计研究院的同事……还有许多学派成员与他们形成了不同程度的同事关系、师生关系、合作关系，构成了岭南建筑学派纵横交织的学术关系网，表现出岭南建筑学派成员，特别是其核心领袖之间的强大凝聚力。

就学术思想而言，无论是林克明进行的现代主义建筑思想传播以及晚年提出的建筑环境观，还是胡德元等教师实施的现代主义建筑教育，抑或是龙庆忠的建筑技术史观、陈伯齐的亚热带建筑研究、夏昌世的现代建筑创作研究、莫伯治的传统文化与庭园空间研究、佘畯南的人本研究、何镜堂的"两观三性"研究……尽管侧重点或有不同，但其贯穿的主线却是唯一的，即在现代主义建筑思想的引导下，恪守现代建筑科学、理性、务实、创新的信条，结合社会环境、自然环境、经济条件、使用需求、时代特征等多重现实要素，进行适应性分析和创作，不虚妄、不空泛、不盲从、不浮躁，不以建筑形式的标新立异来夺人眼目，而是从本体上去挖掘建筑的多层次内涵。

2.3.3 岭南建筑学派的代表作品

从萌芽之日起，岭南建筑学派的建筑师就在其学术思想的引导下创作出了一大批立场鲜明的建筑作品。林克明于1930年代开始传播现代主义建筑思想，同时还在非官方建筑中积极实践现代主义创作手法和风格，涌现出如广州市平民宫、林克明自宅、大德戏院等作品，与当时主流的"中国固有式"建筑形式形成强烈对照。

新中国成立后，建筑师林克明、陈伯齐、夏昌世、谭天宋、郭尚德、杜汝检、黄远强等于1951年集体设计完成了广州华南土特产展览交流大会展馆，所有展馆均采用现代主义简洁的立面形式，以满足功能为首要目标，从开始设计到施工落成总共不到3个月时间，可以说是岭南建筑学派创作思想的一次集中展示。针对中国现代建筑史的研究现状，有学者提出，这次展览交流大会展馆的建筑史意义被严重的低估[①]。

1950 至 1960 年代期间，是夏昌世创作的高峰期，华南土特产展览交流大会水产馆、肇庆鼎湖山教工休养所、中山医学院第一附属医院教学组群、华南工学院图书馆、华南工学院办公大楼（现二号楼）都是展现其创作思想和高超设计技巧的代表作品，他因此被誉为岭南建筑学派在思想、技术、空间和形式探索上的先驱[②]。

从 1960 年代开始，立足于前期的传统庭园调研，莫伯治主持设计的北园酒家、泮溪酒家、南园酒家、白云山山庄旅社、双溪别墅和佘畯南主持设计的广州友谊剧院等作品延续了夏昌世所倡导的轻逸、通透和明朗，实现了现代建筑与地域风格的融合。1970 年代以后，这一创作理念和手法得到了进一步地拓展和创新，创作出广州宾馆、东方宾馆、流花宾馆、白云宾馆、白天鹅宾馆等一批极富岭南风情的高层建筑。借广交会之东风，吸引了境内外广泛的关注，掀起了一股全国向岭南学习的热潮，这标志着岭南建筑风格的确立和岭南建筑创作的高峰。

1980 年代之后，面对国外建筑理论和设计力量的强烈冲击，面对复杂多样、变幻无穷的建筑形式和风格，岭南建筑师也陷入了困惑和迷茫。幸而，他们没有迷失于其中，而是坚定着最初的现代建筑信念，开始转向更深层的文化研究和探索——深圳科学馆、西汉南越王墓博物馆、岭南画派纪念馆、鸦片战争海战馆以及在新世纪创作完成的侵华日军南京大屠杀遇难同胞纪念馆扩建工程、2010 上海世博会中国馆、长春烈士陵园、宁波帮博物馆、安徽博物馆、天津博物馆、钱学森图书馆、澳门大学横琴校区……（详见附录 2）。随着实践地域的拓展，岭南建筑师的创作思想也从针对岭南特定风格的提炼转向至对于创作思维和创作方法的总结和提升，不仅在统一的哲学思维下能够面对不同的创作环境而有所应对，提高了应变能力和设计竞争力，同时也在与其他文化的交流中丰富了自身的文化，开阔了自身的学术视野。

2.3.4　岭南建筑学派的学术影响

岭南建筑学派的学术影响最初始于学派内部。在创办了勷勤大学建筑工程系之后，林克明进行了传播现代主义建筑思想的工作，这引起了当时学生的强烈反响，并以 1935 年的勷勤大学建筑工程系教学成果展览会、《广东省立勷勤大学工学院建筑图案设计展览会特刊》、学生自发成立的研究团体——建筑工程学社、学生自己创办的期刊——《新建筑》为成果体现，鲜明地提出了"反

---

① 冯江. 现代主义建筑在岭南的浮与沉 [J]. 艺术与设计，2010（2）：175.

② 2009 年深圳·香港城市 / 建筑双城双年展——"在阳光下：岭南建筑师夏昌世回顾展".

抗现存因袭的建筑样式，创造适合于机能性、目的性的新建筑"①，被相关研究学者看成是中国引介现代主义建筑第二个阶段的标志②。尽管当时的传播范围仅限于岭南地域，且尚未成为主流建筑思想，影响极为有限，但它却极大地冲击了 20 世纪 30~40 年代笼罩着中国建筑界的古典主义和形式主义迷雾，成为中国早期现代主义运动的最强音。

中华人民共和国成立后，以华南土特产展览交流大会展馆为代表的岭南新建筑纷纷落成（图 2-7），在意识形态的影响下，出现了许多负面的评价。1954 年第 2 期的《建筑学报》发表了一篇题为《人民要求建筑师展开批评和自我批评》的文章，该文从《人民日报》读者来信组转来，作者为一个普通机关工作者，提出了对广州新建筑的看法。开篇就指出，岭南文物宫（即华南土特产展览交流大会展馆）的建筑"设计得太糟了"，作者认为"本来一群像这样性质的公用的建筑物，很可以把它设计成由中国式的亭台楼阁交错组成的结构完整的一个整体，而建筑师却把美国式的香港式的'方匣子'、'鸽棚'、'流线型'硬往中国搬，他不知道这些资本主义国家的'臭牡丹'在中国的土壤中栽不活……引人发生恐怖心理的柱子……像蝉翼一样单薄的阳台……不必要的曲折的墙面……高得梯子都够不着的'落地天窗'……高耸的中门和极其不调和的矮小的侧门……处处都叫人感到突兀、不安定、刺激和奇特，处处都叫人生气"③。

a

b

c

d

图 2-7　华南土特产展览交流大会展馆

a—设计鸟瞰图；b、c、d—落成后实景照片

图片来源：《岭南近现代优秀建筑 1949—1990》，中国建筑工业出版社，2010.

---

① 编者 . 创刊词［J］. 新建筑，1936（创刊号）：1-2.

② 刘源 . 中国（大陆地区）建筑期刊研究［D］. 广州：华南理工大学，2007：84 .

③ 林凡 . 人民要求建筑师展开批评和自我批评［J］. 建筑学报，1954（:2）：122-123.

这一次，对于岭南建筑学派的评判是放在了整个社会背景下，其标准并非从建筑的角度出发，而是着力强调于建筑形式所代表的意识形态倾向。但如今回过头来看，这也并非是一件完全的坏事，在《人民日报》众多关于建筑的民族风格问题的来信中唯独挑选这一篇刊发，恰恰可证明当时在全国范围内岭南建筑师思考和实践现代主义建筑的坚定性和典型性，足以见其开创性意义和不拘一格的精神。正如后来有学者对其客观地评价道："展馆形式各异，但均以现实主义手法，自由变幻，体形活泼，不事装饰，颇具南方建筑灵巧通透的风格，有很丰富的想象力，与当时学习苏联建筑的厚实古典、庄重对称形成极大反差，是现代建筑设计手法的充分体现，也为岭南建筑发展奠定了基础"①。但不可否认的是，由此也可体悟到当初岭南建筑师坚持现代主义建筑的艰难困境和承受的巨大压力。

1960—1980 年代是岭南建筑作品产出的高峰期。受国家政策影响，当时唯有岭南地区因广交会的存在而保留了部分与境外的联系，且作为面向境外的窗口，岭南地区的创作环境也相对较为宽松。在此形势下，岭南建筑师创作出了一大批简练通透、清新活泼的园林酒家和旅游旅馆建筑，在全国引起了强烈反响。面对岭南新建筑的一枝独秀，国内许多建筑师都纷纷"南下取经"，探求其成功的原因——有机结合的新旧建筑、灵活多样的群体布局、简洁轻快的建筑造型、巧妙组景与空间渗透等，这些都是建筑师们在参观后所获得的最大感受②。矿泉别墅和白天鹅宾馆也被载入了弗莱彻（Banister Flecher）汇编的《世界建筑史》第 19 版，标志着岭南建筑不仅属于中国，也开始走向世界。甚至建筑评论家曾昭奋在总结岭南风格的突出特点之后，认为其几十年来所形成的鲜明主线已促成了"广派"风格的形成③，艾定增进而提出坚持现代主义建筑道路、探索地域建筑风格的岭南建筑师已初具"岭南建筑学派"之势④。

经过一段时间的沉寂和积累，岭南建筑学派在新世纪再次大放异彩。伴随着侵华日军南京大屠杀遇难同胞纪念馆扩建工程、2010 上海世博会中国馆、澳门大学横琴校区等作品的完成，对于提倡"岭南建筑学派"的呼声也日益高涨，并集中体现在 2008 年作品研讨会上的畅所欲言——周畅、袁培煌、王建国、赵万民、魏春雨、赵辰、郭明卓、饶小军、孟建民、刘克成、孔宇航、叶珉、贾东东、李保峰等知名建筑师和学者纷纷肯定岭南现代建筑在中国现代建

① 袁培煌.怀念陈伯齐、夏昌世、谭天宋、龙庆忠四位恩师——纪念华南理工大学建筑系创建70周年 [J].新建筑，2002（5）：48.
② 刘振亚，雷茅宇.建筑创作小议——广州新建筑的启示 [J].建筑师，1981（9）：165-170.
③ 曾昭奋.建筑评论的思考与期待——兼及"京派""广派""海派" [J].建筑师，1983（12）：5-18.
④ 艾定增.神似之路——岭南建筑学派四十年 [J].建筑学报，1989（10）：20-23.

筑版图中的重要地位，并就"从岭南建筑到岭南学派"的论题进行了探讨，正如赵辰所言："他们有学术主张，有建筑实践，有教学模式和发表理论观点的途径，也就是杂志和展览之类的东西，这是一个学派的典型标志"[①]。

而后，汪原专门撰写了一篇题为《从"华南现象"走向"岭南学派"》的文章，认为原有的诸如"岭南建筑""华南现象"等概念已经大大落后于岭南建筑师的实践现状，已无法囊括现实中相关的所有要素，因其"以华南院为基地，有着较为统一的行动哲学，在组织建构上是非常紧密的团队。……我们不妨把它称为'岭南学派'"[②]。

通过上述的讨论，我们不难得出结论，无论从客观史实、学术基础、学派要素、学术影响等任何方面来看，将"岭南建筑学派"作为一个整体的对象进行学术研究都是毋庸置疑的。同时，作为史上历来的边陲之地，发展成为外来文化与本土文化交流融合典范的岭南现代建筑，因其迥异于其他地域的独特性格，以及在艰难与压力之下的顽强坚持，都可称作是中国乃至世界现代建筑史中有价值的个案。对其展开深入、系统的研究，既是重新认识岭南建筑学派丰富内涵和文化价值的机会，也能够为促进多元共生、和谐发展的中华建筑文化提供有益的启示与借鉴。

2.4　本章小结

通过结合中西学派发展史的纵向梳理和相关概念的横向比较，借鉴已有的关于现代科学学派的理论论述，本章确立了现代科学学派成立的基本标准，即非功利性的学派属性、具有核心领袖和团队成员的学派构成、明确且一致的学术思想和学术理想、丰硕的学术成果及强大影响力。

进而，针对建筑学科领域的学派，本书既论述了西方代表性建筑学派对于推动建筑学发展所作出的重要贡献，也论述了国内对于提倡建筑学派的正反两方面意见，并指出国内学派发展裹足不前的原因，以及促进学派形成、展开学派研究的积极意义和价值所在。

最后，对应上述的学派成立标准和特征，从学术阵地、代表人物、学术思想、代表作品、学术影响等几个方面展开了关于岭南建筑学派的论述，通过结合客观史实的归纳和梳理，论文认为发展至今的岭南建筑师群体已具备了学派成熟的若干条件，但仍需要从各个方面进行有意识地推动，促使其形成健康的发展机制，凸显它的积极意义。基于此认识，本书持着"大胆假设，小心求

---

① 赵辰 . 从岭南建筑到岭南学派——华南理工大学建筑设计研究院建筑作品研讨会 [J]. 新建筑，2008（5）：24.

② 汪原 . 从"华南现象"走向"岭南学派"[J]. 新建筑，2008（5）：7.

证"的态度，认为不论研究对象是否被广泛认可为一个学派，只要符合学派成立的标准、具备现代科学学派的基本特征，就能够尝试运用学派的视角和方法去进行分析研究，岭南建筑学派研究即以此为初衷。由此，确立了岭南建筑学派的学理合法性。

第3章　岭南建筑学派现实主义创作思想的发端

本章首先对本书所认同的"现实主义"美学概念进行理论分析和界定，进而扼要地论述岭南建筑学派创作思想萌生的时代契机，并从地域文化传统和建筑思想源头两个方面探讨其现实主义导向，以明晰岭南建筑学派现实主义创作思想的发端。

3.1 "现实主义"美学理论的引入

3.1.1 "现实主义"的概念发展

在西方美学理论中，"现实主义"一般具有两重含义：一是指创作方法，起源于古希腊"艺术乃自然的直接复现或对自然的模仿"的朴素观念；另一种则是现实主义的思想和精神，特指19世纪与浪漫主义针锋相对的现实主义运动。

然而，随着时间的演进，"现实主义"或是被简单地等同于"写实主义"，或是被冠以意识形态的定语而成为某一特定意识形态的传达工具，诸如此类的语意混淆导致"现实主义"逐渐偏离了其本身所应置的轨道。为此，本书通过简要地梳理"现实主义"的内涵及其发展，以正本清源，从客观上确立一个关于"现实主义"的基本立场。

3.1.1.1 等同于"写实主义"的现实主义

通过回溯西方美学史可以看到，现实主义在近现代以前，几乎都被等同于"写实主义"。

作为人类观察自然、认识万物的一个重要艺术手段，写实主义在西方美学理论当中一直扮演着重要角色——从史前原始先民凭借视觉经验逼真模仿的洞穴壁画，到美索不达米亚和埃及出现的对神灵和君王顶礼膜拜的绘画，到古希腊以真实的人为原型所创作的雕塑，再到文艺复兴时期绘画当中焦点透视技法的完善，乃至文艺复兴衰退之后所兴起的巴洛克艺术和洛可可艺术，同样继承了古代艺术的写实主义传统。可以说，在 19 世纪浪漫主义和现实主义异军突起之前，写实主义一直占据着西方美学理论的主流地位。

总体而言，写实主义表现出以下几点特征：从题材来看，它取材于社会生活，具有直接性；从手法来看，它与"抽象"相对，带有强烈的具象意味，忠实地描绘现实；从艺术表现来看，它与"风格"相对，将主观的好恶排除在外，具有客观性。所以，结合当时的社会背景，19 世纪以前的艺术创作由于具有强烈的"真实性"，将"现实主义"等同于"写实主义"是不足为过的，不仅因为写实主义所具有的强大阵营和力量，还因为"现实主义"确实正处在反映现实这一阶段，尚未真正发展出更成熟和全面的体系。

3.1.1.2　批判现实主义思潮

19 世纪以后，欧洲各国陆续经历了从封建主义向资本主义制度的历史性过渡，其社会、政治、经济皆随之发生剧变，人的思想和观念也相应地发生了深刻变化。在挣脱封建束缚、获得一定的人身自由后，许多人又在物质面前丧失了精神、心理以及人格的自由，人与人之间的关系趋于恶化，社会矛盾不断加剧。在此背景下，一批具有良知和远见的哲学家、艺术家开始以一种新的、冷静的眼光重新看待现实和思考命运，并寻求改善生存处境的方法，最终引导了一场具有强烈批判性的现实主义思潮，并发展成为不可阻挡的历史趋势。

德国美学家席勒最早在《论朴素的诗与感伤的诗》这一著作中提出"现实主义"概念，认为现实主义与理想主义相对，其基本特点是面对现实并且要真实、生动地描写现实。而后，现实主义在绘画领域表现激烈，它直接针对学院派绘画僵硬的表现形式和陈腐的内容，主张借鉴写实的手法，表现真实、客观的东西，而且要不加粉饰地揭露和批判现实，肯定了平民生活的重要性和巨大意义。随后，这一思潮逐渐蔓延至文学、雕塑、建筑等多个艺术领域[①]。

至此，现实主义的内涵从最初的"真实性"逐渐走向"批判性"，即不论是在艺术中塑造的典型形象，还是有意味的细节，它都不会也不可能涵盖资本主义发展时代社会的全部风貌。这里的"真实性"均是经过艺术家思想过滤的和精心挑选的，旨在站在人性的立场去揭示那些黑暗、悲惨的画面，或是塑造正面、光明的艺术形象，以激发人们的良知，显现出愈发强大的精神性功能。

3.1.1.3　现实主义的意识形态化

继大批倡导批判现实主义的哲学家和艺术家之后，马克思和恩格斯也对现实主义理论进行了论述。基于马克思和恩格斯关于人类社会形态演进的历史思维，他们认为，真正的现实主义不仅要表现外在的客观现实，而且要预示客观

---

① 王嘉良. 现实主义："社会批判"传统及其当代意义［J］. 文艺研究，2006（8）：30-37.

现实背后的规律性，表明历史前进的方向，否则，它所表现的现实只不过是零散的、肤浅的，甚至是虚假的。正如世界正处在资本主义向社会主义的过渡时期，无产阶级战胜资产阶级是历史的必然规律，这个时代的艺术应该预示伟大历史时刻的到来①。由此可见，马克思和恩格斯理论中的现实主义从某种意义上说是其政治理念的衍生，"现实主义"艺术被其赋予了更深的意识形态功能。

由于马克思和恩格斯理论的重要地位，这一观点在社会主义国家得到了重视并加以改造，逐步将其与革命意识形态相一致，演变成了体现国家权力意志的"社会主义现实主义"。"社会主义现实主义"最早在苏联作为最高的创作方法以法律的形式确立了统治地位，它强调社会主义理想的指导意义，强调国家政治的教化功能，强调艺术创作的模式规范。从根本上来说，社会主义现实主义与现实主义截然不同，因为现实主义是从人道主义高度来反思现代性所引发的社会问题，具有批判社会现实的文化价值和审美价值，而社会主义现实主义本质上是服务于建立现代民族国家的历史任务，背离了现实主义具有独立性、批判性和超越性的初衷。

在中国，有学者认为"现实主义"先后出现了两次误读②。第一次发生在19世纪末20世纪初，"Realism"一词被翻译为"写实主义"而进入中国，表明当时的艺术家和思想者把现实主义的核心内涵理解为写实性，而忽略了其批判性的精神诉求。究其原因，在于当时的中国社会正处于传统向现代过渡的阶段，中国人对于"民主、科学"的向往使之沉浸在对现代性的美好憧憬当中，而缺乏对于现代性的负面认识，自然就看不到现实主义对现代性的批判。在另一个层面，启蒙思想家们将现实主义误读为写实主义，可以在艺术界和思想界树立起一面旗帜，使之成为推倒陈腐的封建文化艺术的一件有力武器，成为进行思想革命的工具。应当说，这一时期的"工具化"是合理的，因为它没有与功利主义相关联，更无特殊的集团、阵营的利益诉求，其本质是思想和精神，具有相对的超越性。但不可否认的是，五四时期现实主义的"工具化"倾向为后来走向直接的政治意识形态"工具化"起到了一定的作用。

到了20世纪中后期，由于政治时局的巨大转变，为寻求民族出路的中国人将视野从西方转向东方，苏联的"社会主义现实主义"理论随即被引入。在中国建筑界，随着梁思成等权威学者的大力推动，"社会主义现实主义"逐渐被确立为建筑创作的最高尺度，甚至还作为唯一评判标准。尽管此后掀起了对梁思成建筑思想的批判，但却并未终止对建筑创作进行意识形态化的控制。相反，更是将建筑思想论争推到了阶级斗争的漩涡之中，建筑艺术成了社会主义

① 郑焕钊.论马克思主义的审美现代性内涵——兼对现实主义美学的新解读［J］.西北师大学报（社会科学版），2010（1）：21-25.

② 杨春时，林朝霞.现实主义的蜕变与误读［J］.求是学刊，2007（3）：97-102.

与资本主义、无产阶级与资产阶级、唯物主义与唯心主义、爱党与反党之间的斗争载体，而所谓的"现实主义"建筑，早已成为"伪现实"的代表[①]。可以说，这种艺术概念的变化，既是外延的变化，更是内涵的限定，其根本是被意识形态化。艺术家由此成了阶级的立言者和舆论代表，现实主义成了特定社会制度、社会理想的宣传工具[②]。

值得一提的是，在中国传统文化中同样存在着"现实主义"，但其主要表现为以写实为主的艺术创作方法和"文以载道"的功利性思想，尚未形成现代学科意义上的美学理论，因而在此不作赘述。

3.1.2　对现实主义的认知与思考

3.1.2.1　"社会主义现实主义"是一个悖论

仔细分析可以发现，"社会主义现实主义"这一论题体现了三个方面的悖论：

首先，"社会主义现实主义"是以认识论视之，被当成一种集体的、教条化的统一规范和创作原则。而艺术创作本身就是一项个性化极强的活动，即使在同一领域、持有相同艺术观念的不同艺术家，也在很大程度上是运用各自不同的手法进行创作的。如果规定了所谓的"创作原则"或"创作的基本方法"，那么创作就会沦为"复写""抄袭""模仿"，不可避免地扼杀了艺术的主体性创造，违背了创作的本质和初衷。

其次，现实主义在于通过洞察人类社会及其历史而揭示生存的意义，揭露和批判现实是现实主义的主要特质。而"社会主义现实主义"预先就设立了一个假定的前提存在，成为一种"肯定的现实主义"或者"理想的现实主义"。这样，"社会主义现实主义"丧失了批判功能，只能反映现实主流和光明的一个侧面，只能肯定现实、歌颂现实，进而变成"虚伪的现实主义"。可事实上，我国正处在社会主义初级阶段，发展商品经济和民主政治的任务远没有完成，理想与现实的冲突、社会的不公都将长期存在，仍需要现实主义的批判精神来为社会进步和人的发展而呐喊和战斗。

最后，"社会主义现实主义"要求所有艺术包括建筑在内，都只能在其体系内发展，而无视世界上其他国家正进行的日新月异的改革和创新，从而导致了故步自封，将现代艺术排除在外，严重阻碍了艺术发展的与时俱进。事实上，现实主义强调艺术与现实的关系，其表现就在于，随着现实的变化，艺术

---

① 吉国华. 20 世纪 50 年代苏联社会主义现实主义建筑理论的输入和对中国建筑的影响 [J]. 时代建筑，2007（5）：66-71.

② 何锡章，陈洁. 现实主义在现代中国的历史命运及其文化成因 [J]. 天津社会科学，2010（5）：109-113.

也必然对之作出反应，而这一反应反过来又使现实主义的内涵有所变动，从而影响现实主义的外在形态变化。正因如此，现实主义才有着越发广阔的道路和不竭的生命力^①。

之所以如此详尽地阐述和批判"社会主义现实主义"，其目的在于与真正的"现实主义"相区别开来，摆脱长期以来对现实主义知其然而不知其所以然的认知状况。同时更加凸显"现实主义"的真谛，即在于用艺术表现现实、批判现实、超越现实，使之恢复自身所具有的独立性，并保持一个开放的、具有自我更新能力的价值体系，回归到其本来的含义。

3.1.2.2　回归现实主义的基本内涵

首先，应回归到现实主义的基本特性——现实性，即创作是基于客观存在的。在这里，可以运用马克思的辩证唯物主义思想来解释其中的关系：客观现实决定主观意识，艺术创作属于主观意识范畴，其物质材料应当是客观现实，只有基于客观的现实生活，艺术才能衍生出情感和精神追求，表现出艺术的审美价值，体现出主观的积极作用。这一客观决定主观、主观具有能动性哲学思想，是现实主义的基本内容。

其次，应回归到以现实主义"精神"为核心的基本认识。通过追溯"现实主义"的发展历程可以看到，它的指向是多义的，既是一种创作手法，也可以是一种艺术风格，还可称之为一个艺术流派。然而，最核心的还在于其现实主义精神。一方面，现实主义精神是一种艺术主张，体现着创作者的价值立场；另一方面，现实主义创作的根本不在于描摹现实和复制现实，而在于以其为载体表现出一定的精神和思想价值。

最重要的是，应回归到现实主义的批判性。现实主义精神的基本内涵在于艺术要关注"人"，以人为本，体现出对人性的改良和对人类的关爱，以激发人类对于崇高、正义等终极价值的不懈追寻。因此，现实主义艺术要站在"人性"的立场，不仅针对人的生存环境及状况，还要针对传统文化、流行文化等精神层面，给人带来审美愉悦和情感关怀的同时，还促使人进行自省和反思，履行现实主义艺术的社会责任和文化使命。

3.1.2.3　现实主义是一个开放的体系

既然现实主义的基本特性是现实性，那么伴随着时间和空间的发展和转变，现实主义创作也会产生相应的调整，以取得和现实相一致。由上述可知，在现实主义作为一种艺术主张和理论思潮出现以前，它实际上已经于艺术领域

---

① 杨春时．社会主义现实主义批判［J］．文艺评论，1989（2）：4-16.

中存在了上千年，即使从批判现实主义出现算起，至今已有 100 多年的时间。如此长的时间段里，现实主义在不同的历史条件下，曾以不同的面貌反映出不同的历史现实，与其说现实主义是人为的选择，倒不如说是历史和社会的选择。因此，对于现实主义的认知应该是有时空维度的，现实主义概念的内涵和外延也应是发展的，在不同的地域、不同的时代，现实主义就应该有与之相适应的新的状态，在不同的时空交汇点上承载不同的内容和任务。

除了内容上的开放性，现实主义还表现出形式上的开放性。只要是服务于认清现实、批判现实为目标的价值追求，任何形式都不再具备方法论的意义，因为现实主义不是一个形式的"现实主义"，形式是绝对服从内容的。由此出发，如果从特定风格或形式的角度来认定"岭南建筑学派"是否成立，似乎很难得出结论，因为形式和风格不过是表现的手法，价值立场和思想方式才是恒久不变的。

最终可以看到，现实主义是一个既关乎理念又关乎实践的多维度的美学概念，它具有相对稳定的内在规定性，但又随着时空条件的变化而发生内涵的增减。所以在理解现实主义时，逻辑思维和感性直觉应当并重，始终将其作为一种有生命的、内涵不断变化的美学精神来认识。

3.2　岭南建筑学派创作思想萌发的时代契机

岭南建筑学派的成长、现代主义建筑思想的传播皆得益于当时的时代契机，正是因为岭南社会在城市风貌、建筑风格和技术储备等诸多层面发生的深刻巨变，才为新思想的接纳和传播铺平了道路。

3.2.1　政治结构重塑之下的城市风貌变化

政治势力历来对城市建设与建筑发展有着极大的推动力和影响力。1911年辛亥革命以后，岭南城市先后进入到打破旧秩序、重建新格局的现代化发展时期。

广东当局自 1912 年起，就先后设立了广东军政府工务部、广州市政公所、广州市政厅暨广州市工务局等行政机构，并聘请留学海外的工程技术专家作为机构领导，其主要任务是改变当时城市街道狭窄、空间迂回、卫生条件恶劣的境况，以改造城市基础设施和公共设施作为促进文明的象征。当时所进行的具体工作有"拆城筑路""市政改良"、骑楼推广、"田园城市"规划设计、"模范住宅区"运动、现代城市规划与建设等，直至 1920 年代末，广州乃至部分岭南城市已具现代城市之雏形（图 3-1）。

图 3-1 广州某街道改造前、中、后的照片

图片来源：《现代性 地方性——岭南城市与建筑的近代转型》，同济大学出版社，2012.

值得一提的是，广州的城市中轴线也在这一改造中发生了变化。据冯江考据，至清代时，广州虽无特定的城市中轴线，但已形成以双门底街（从北至南包括承宣直街、双门底、雄镇直街、永清街）为中心的政治空间主线。国民政府成立后，在 1930 年的《广州市续辟马路路线图》中，又出现了一条与之完全不同的城市轴线：起于越秀山顶的镇海楼，经过中山纪念碑、中山纪念堂、市府合署大楼、中央公园，再到维新路（今起义路），并经过拟建的海珠桥继续向珠江南岸延伸。维新路的北段几乎是正南北向的，中段为了绕开青云书院，产生了一处小的转折，而在与高第街相交处附近，维新路向东偏转，南段大致垂直于珠江的岸线（图 3-2）。可以说，这一现象集中体现了中国传统的礼制思想与欧美多个大都市，尤其是首都城市的巴洛克形态的结合，同时，也展示了摧毁清代统治和树立国民精神的意图。

图 3-2　民国开辟的广州城市中轴线

注：底图为 1947 年 7 月绘制的广州地图（局部）

图片来源：冯江（2013）

3.2.2　经济条件影响之下的建筑风格对立

鸦片战争打开了中国的大门，西方建筑形式伴随着西方势力的涌入也逐渐林立于岭南大地，发展出殖民主义语境下多样化的建筑风格。辛亥革命以后，基于不同的立场，建筑风格被赋予了更深的含义，整个社会体现出多种风格的并存和对立。

在政府主导的官方建筑创作中，"中国固有式"风格占领了绝对优势，以中山纪念堂的落成为其发展的高潮。相关学者指出，这一现象"表面上是建筑艺术形态的更替演变，实际上是孙中山国民党人在代表不同政治形态的建筑艺术形式间作出了相应的选择"[①]。建筑由此成为政治的代言。

然而，政权初立，固有文化的推广也逐渐暴露出诸多问题，其中最核心的即是建筑的实用性和建筑造价两方面，尤其是后者，已成切肤之痛，许多工程就因资金问题而纷纷搁置。为此，出于增加使用面积和降低造价的考虑，当局

① 彭长歆. 现代性 地方性——岭南城市与建筑的近代转型［M］. 上海：同济大学出版社，2012：217.

不得不考虑简化形式，甚至在某些非重点工程上采用简洁的现代建筑形式。尽管是应急之策，但现代建筑也由此登上了历史舞台，并展示出自身的优势和特色（图3-3）。

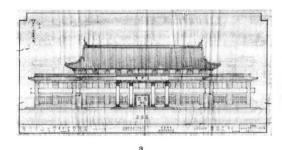

a　　　　　　　　　　　　　　　　　b

图3-3　建筑方案对比

a—国立中山大学校园建筑方案，采用中国固有式形式；

b—省立勤勤大学校园建筑方案，采用现代建筑形式

图片来源：a 华南理工大学档案馆提供；b《华南建筑八十年》，华南理工大学出版社，2012.

与此同时，岭南地区的民间建筑表现出与官方建筑截然不同的两种景象。由于早开风气及海外劳工市场的需求，岭南人远渡重洋谋生的人数为全国最多，广泛分布在美洲、澳洲、东南亚等地。多年后，华侨们有了一定积蓄，固有的家国观念使得侨汇返国成了普遍的社会现象，因华侨分布广、数量多，华侨投资遍及岭南各市县，特别集中在广州、汕头、江门、台山、梅县等市镇。在侨汇支持下兴建的侨乡建筑，普遍体现出一大特点：形式表皮的西洋化与平面形制的中国化改良，总体呈现出中西合璧的效果（图3-4）。

a　　　　　　　　　　　　　　　　　b

图3-4　侨乡建筑

a—台山琼林村育英学校；b—汕头前美村陈慈黉故居庭院

图片来源：作者自摄

而后，无论受社会思潮影响，还是受附庸风雅的心理影响，民间建筑的西化愈发普及，并出现在更多的住宅和商业建筑上。随着"拆城筑路""骑楼推广"等一系列官方行为的完成，不仅西洋建筑形式为民众所喜爱，生活设施的现代化也使其对西化平面的接纳度日益提高。可以说，西式观念已借由建筑而渗透至岭南人的生活当中，建筑的西化趋势不可逆转。

3.2.3　中西建筑文化交流之下的技术储备

在工程技术方面，随着殖民主义语境下西洋建筑的强势侵入，西式砖（石）木混合结构、砖木钢骨混合结构、钢骨混凝土结构、钢筋混凝土结构以及钢结构等技术也逐渐传入岭南，带来西方建筑风格的同时，客观上也培养了大批熟悉西方建造技术的本地建筑工人，为其后岭南建筑师创作出属于自己的现代建筑积累了技术基础。

除了工程技术方面，在建筑人才方面，作为中西文化交流成果之一的留学建筑师也发挥了不可小觑的作用。通过加入政府机构、创办事务所、开展建筑教育或者与国外建筑师合作等，他们以不同形式参与到了岭南建筑的现代转型当中，并随着建筑师执业制度的建立和发展，共同开启了岭南建筑的现代化历程。

综上所述，岭南建筑学派创作思想萌发之前的岭南社会，在城市风貌、建筑风格、技术储备等方面均体现出革故鼎新、逐步走向现代的发展趋势，为现代主义建筑思想的引入和传播、为岭南建筑学派的形成与发展，创造了良好的时代契机。

3.3　岭南建筑学派创作思想的现实主义导向

如果说岭南建筑学派创作思想具有鲜明的"现实主义"特色，那么这一特色产生的原因究竟是什么？它是否有着一个深厚的根基和来源？本书认为，岭南的地域文化传统和岭南建筑学派初期对于现代主义建筑思想的传播是其中最重要的两个方面。下文将展开详述。

3.3.1　具有现实主义特色的地域文化传统

岭南建筑学派的创作思想最终要落实到岭南建筑师的思想，而作为生于斯、长于斯的岭南人，他们不可避免地会受到岭南文化潜移默化的影响。因此，只有深入了解岭南建筑师及岭南建筑所依存的文化，才可能对其创作思想有比较全面和深刻的洞察。

3.3.1.1　经世致用的价值理念

中国传统文化历来具有重农抑商的倾向，在价值理念领域表现为重义轻利，但这种封建社会小农经济条件下产生的价值观，在岭南地区并无突出反映。远古岭南，自然环境十分恶劣，面对这一现实状况，岭南先民不得不从恶劣的环境中尽力获得生存的资源，逐渐形成了岭南人直面现实、重视实干、关注实效、追求实利的价值取向。此外，由于沿海的地缘优势，岭南尤其是珠江三角洲一带从未中断过与外部世界的联系，逐渐形成了较为发达的商贸经济，为形成和促进岭南文化"重商""崇利"的文化传统提供了深厚的经济基础。

因而，自古以来，整个岭南社会都形成了一种重务实、崇实效、求实用的传统，不仅体现在下层社会的普遍意识中，还在岭南地域的学术思想中打下了深深的烙印。譬如，岭南地区的学者大多反对无用之学、无用之举。唐代禅宗惠能就曾提出"佛法在世间，不离世间觉，离世觅菩提，恰如求兔角"的思想，认为修佛要从关注佛法义理转向至重视当下的修行，如果离开现世人间去追求菩提、涅槃，必将一事无成。惠能这一面向人世、面向社会、面向实际的佛教思想不仅影响了整个佛教的发展，还对岭南价值观念的形成起到了深刻的影响。自唐之后，特别是宋明以来，岭南又涌现出一批杰出思想家，继承和深化了经世致用的价值理念——被誉为明朝"一代文臣之宗"的丘濬就非常重视商业价值和市场功能，进而提出"通经致用，济世安民"这一面向现实的政治经济思想；陈白沙开创了以"学贵乎自得""以自然为宗"为主要内容的江门学派；南海"九江先生"朱次琦提出了"读书以明理，明理以处事"的观点，即学习就是为了达到目的；番禺的"东塾先生"陈澧同样认为学习就是要"有益于身，有益于世"，一切无益于身世的言论都是一种夸夸其谈；到了近代，洪秀全、洪仁玕、郑观应、康有为、梁启超、孙中山等岭南思想家无不把目光投向现实，寻找解决现实问题的良方①。尽管与儒家主流文化中羞于言利的思想相比，岭南人的价值理念更为直接和功利，但其积极意义在于不空谈、求实干，以结果说话，在争取生存机会和发展空间的时代发挥了巨大的作用。

作为岭南文化重要载体的岭南传统建筑，深受这一价值观念的影响，处处体现着"经世致用"的建筑品格。面对特殊的自然环境，岭南建筑以冷巷、敞廊、底层架空、透窗、遮阳板等形式应对炎热、潮湿、风大、雨多的气候特点；面对不同的社会环境，岭南建筑分化出具有围合性、重防御性的客家建筑和侨乡建筑；面对注重现实生活的文化特色，广为传唱的粤剧片段，甚至是飞禽走兽、瓜果蔬菜都被搬上了建筑装饰的平台②（图3-5）。此外，岭南经世致用的价值理念还充分展示在其园林艺术中。众所周知，在中国三大古典园林中，北方园林开阔雄浑、富丽堂皇，以大体量和庄重的氛围著称；江南园林粉

---

① 李权时.论岭南文化工具主义——兼论岭南文化的现代转换［J］.广东社会科学，2009（4）：52-57.

② 刘才刚.试论岭南建筑的务实品格［J］.华南理工大学学报（社会科学版），2004（2）：26-28.

墙黛瓦、曲径通幽，成为文人雅士的精神寄托之所，重在意境之营造；而地处
岭南的园林，更多是以宅庭院形式出现，建筑比重加大，世俗气息浓厚，园中
常种植莲藕、荔枝、芭蕉等可食用的瓜果，甚至还养殖一些可供食用的动物，
追求真实生活、注重享乐的情怀一览无余[①]。

图 3-5　充满生活和民俗色彩的传统岭南建筑装饰

图片来源：作者自摄

"重商务实""经世致用"或许对于追求宏大、严谨、深厚的文化形态而言，
难登大雅之堂。但恰恰是这一侧重于实用价值、功效主义和平民意识的理念，
在与西方新观念进行碰撞与交流的过程中，成了引导其走出封建愚昧状态的最
强大动力。伴随着商业文化、通俗文化、大众文化在岭南的孕育、繁衍，经世
致用的价值理念不仅深入人心，还得到了发扬光大，不断充实与完善着其文化
内涵，保持着蓬勃的生命活力。

3.3.1.2　兼容并蓄的思维方式

尽管发轫较晚，但岭南文化在近现代迅速崛起，并率先与近现代文明接轨
而独领风骚的现象，引人深思。岭南文化研究学者认为："岭南在中国版图上
居于南方的边缘地带，又是大陆和大洋的过渡区，处于海洋腹地与大陆腹地相
接触的地带，历史上一直远离国家的政治中心，使岭南文化在原发期便兼容了
农业文化和海洋文化，而不像中原文化那样以农业文化为单一源头，而后，又
不断地兼容中原文化和海外文化，形成自己的特点和优势。此外，地域文化
的中心城市——广州位于东亚大陆边缘、南海之滨，珠江水域贯穿整个广州
地区，形成众多的入海河流，这种地缘格局与欧洲希腊等海洋文化区域很相
近，从而对岭南文化的兼容发展起到了积极作用，尤其是促进了多种多样文化
的融合和扬弃"[②]。可以看到，由于岭南独特的地理位置，早期承受着巨大的生
存压力，但随着现代社会的迈进，全球化交流的加快，边缘地域更易于与外界

---

① 郑振紘.岭南建筑的文化背景和哲学思想渊源［J］.建筑学报，1999（9）：39-41.

② 李权时.岭南文化现代精神［M］.广州：广州出版社，2001：204-205.

交流，在经世致用理念的引导下，岭南人急速转换思维，逐渐将地缘位置转换为一种生存优势，通过接纳各种新质文化，探索出一条海纳百川、为我所用的新路。

首先，岭南人具有"兼容"的气度。"无论是对内还是对外，岭南文化都呈现出一种兼容的常态，以宽阔的胸怀拥抱南北来风，吸纳新鲜空气。它的兼收包容也浸润着一种世俗的宽容精神。正是这种兼容的特性，使岭南文化从历代南迁的移民身上不断摄取营养。依赖这不竭的营养之流，岭南文化不断地发展，不断地创造着辉煌"[1]。早在清光绪年间兴建的陈家祠，就在主体遵从传统祠堂建筑型制的基础上，采用了西式的铸铁廊柱与饰件，以及西方神话中的小天使艺术形象等作为建筑装饰，使得建筑空间更为通透，装饰更加精美。分别于1926、1934年建成的开平立园（图3-6）和广东梅县白宫镇联芳楼，都集西方建筑立面特色与中国传统园林平面布局于一体，成为岭南文化兼容思维的直接体现[2]。

图3-6　开平立园
图片来源：作者自摄

其次，更难能可贵的是，岭南文化在与异质文化的碰撞中，善于用自身的文化元素去同化异质文化中的适用成分，把异质文化中适用的优势汲取为自身的优势，进而突破局限、建构新质，这正是"兼容"之外的"并蓄"。在这一良性循环的机制下，岭南文化得以不断地孕生、激活、蜕变，彰显出独特的个性与思维方式。譬如，作为当时"广州市第一栋钢结构高层建筑，也是迄今为止广州唯一的钢结构高层建筑"的爱群大厦（图3-7），就是"既借鉴美国当时摩天大厦新风格的纽约伍尔沃斯大厦(Woolworth Building)的设计手法，又在哥特复兴风格中渗入岭南建筑风格"[3]。1980年代初设计的白天鹅宾馆，将波特曼的中庭空间与岭南庭园的"故乡水"有机结合，更是西方现代建筑形式与岭南传统建筑文化相结合的一个典范。

① 李权时.岭南文化现代精神［M］.广州：广州出版社，2001：41.

② 唐孝祥.试论岭南建筑及其人文品格［J］.新建筑，2001（6）：63-65.

③ 汤国华.岭南近代建筑的杰作——广州爱群大厦［J］.华中建筑，2001（5）：96-99.

图 3-7　爱群大厦

图片来源：《岭南近现代优秀建筑 1949-1990》，中国建筑工业出版社，2010.

兼容并蓄是岭南文化赋予岭南建筑的一个最优秀特质，它使岭南建筑在没有更多支持与依托的情况下，把对异质文化的接纳与吸收作为自我积累与自身壮大的途径，这种集合多种渠道而凝聚起来的力量，不仅强大，而且充满着开放性和灵活性，成为此后岭南现代建筑创作在多样的时空背景下得以坚持和成长的基石。

3.3.1.3　锐意进取的创新精神

梁启超曾比较过沿海和内陆的不同环境对人思维特征的影响，得出这样的看法："海也者，能发人进取之雄心——彼航海者，其所求固有利也，但求利之始，都不可不先置利害以度外，以性命财产为孤注，冒万险而一掷之。故久于海上者，能使其精神日以勇气，日以高尚，此古来濒海之民，所以比于陆居者活气较胜，进取较锐"[①]。虽说地理决定论不免有偏颇之处，但对于岭南人而言，确有一定道理。由于远离正统观念的束缚，处于蛮烟瘴病之地，面对一望无际的大海，岭南人领悟到：要生存发展，就必须去探险。而这一勇于探险的内在精神，就成了岭南文化锐意进取的创新原动力。

在岭南历史上，从太平天国洪仁玕的《资政新篇》、郑观应的《盛世危言》，到康梁维新派的救国方案、孙中山的资产阶级民主主义思想，无不是立足于"放眼看世界"，深谙"处适者生存之时代"，唯有"取日新以图自强，去固循

---

① 辛向阳.人文中国(一)[M].北京：中国社会出版社，1996：510.

以厉天下"，才能谋求出路。正是在这一文化精神的催生下，太平天国的爆发点、辛亥革命的策源地、北伐战争的据点、通商口岸之首、改革开放的前沿，让岭南成为"敢为天下先"的前沿阵地，为世人所瞩目。

锐意进取的创新精神显然成了岭南独一无二的质素，并反映到岭南建筑的创作当中。林克明在谈及建筑传统的继承和创新时说到，由于时代背景的不同，社会生产力发展水平有所差异，如果跟在古人后面亦步亦趋，盲目搬用木结构的处理手法，而不去充分利用新建筑材料的特性，就无助于建筑形式的创新。因此，他在设计原中山大学第二期教学楼工程时，有意采用了简化仿木结构的形式，并用简洁的仿木挑檐构件取代檐下斗拱[①]。又如广州友谊剧院，由佘畯南领衔的设计组打破当时苏联剧院创作因追求"大气魄、大尺度、大空间"而固定采用的对称构图，因地就势，将平面布局和空间组合都作自由的不对称处理，成为国内首次打破惯用的双梯对称手法的实例（图3-8）。

图 3-8　友谊剧院入口大厅的不对称布局
图片来源：《佘畯南选集》，中国建筑工业出版社，1997.

岭南建筑的创新精神不仅表现在建筑形式和表现手法上，还表现在对建筑文化内涵的深层求索和建筑意境的美学追求上。对于岭南画派纪念馆，齐康曾这样评说："岭南画派纪念馆是莫老（莫伯治先生）在建筑艺术创作上大胆地从具象的建筑形象到抽象与具象相结合的作品，使建筑造型与画派的画意相吻合。这是一座新作，使人仰慕。它反映了展览建筑的性格又反映了抽象建筑造型的诗意。从艺术上讲做到了源于岭南画派的创作生涯又高于这生涯"[②]。

3.3.1.4　自然平实的审美取向

文化总是在相当程度上左右和影响着审美取向的形成。在岭南文化的熏陶下，务实、交融、创新的岭南文化观念与精神渗透到艺术的各个方面，表现出迥异于中原文化的特质，即强烈的平民意识与崇尚自然的审美情怀。

① 唐孝祥.试论岭南建筑及其人文品格 [J].新建筑，2001（6）：63-65.

② 齐康.个性与创意.曾昭奋.莫伯治集 [M].广州：华南理工大学出版社，1994：259.

一方面，岭南偏安于一隅，无论在地理位置还是社会心理上都远离中国封建政治的权力中心，因而其文化艺术不纯粹是统治阶级表达意志的工具，也不只是社会精英阶层的高尚追求，而是以民计营生为关注点，侧重于表现平民的喜怒哀乐，表现社会的流行风尚，深深扎根于民间。尽管缺少博大精深、浑厚凝重的质感，但岭南人善于以细腻的感知去描绘现实，以浅显易懂的艺术语言去表达现实，以热情奔放的情感去讴歌现实，无形中逐渐确立起亲近生活、亲近人心的审美特性。

另一方面，岭南文化极为推崇"以自然为宗"的审美旨趣。南宋时期新会的陈白沙就曾言："天命流行，真机活泼。水到渠成，鸢飞鱼跃。得山莫杖，临济莫渴。万化自然，太虚何说?"[①]描绘出一幅岭南人所向往的生机盎然的自然景象。这种反对矫揉造作、晦涩烦琐，主张表露自然之真、生活之真、性情之真的理想，成了岭南艺术的共同追求。譬如《雨打芭蕉》《渔歌唱晚》《鸟投林》《孔雀开屏》等岭南音乐就多以自然之物作为抒发对象，给人以清亮明快的听觉感受；东莞可园、余荫山房、清晖园等岭南园林（图 3-9）博采众长、不拘一格，又表达出"求真而传神，求实而写意"的洒脱风范；而以清新自然、艳丽生动的风格而著称于画坛的岭南画派，也以其师法自然、重视写生的思想影响深远。

a　　　　　　　　　　　　　　　b

图 3-9　岭南传统园林
a—清晖园水庭；b—东莞可园
图片来源：作者自摄

综上所述，岭南文化中经世致用的价值理念、兼容并蓄的思维方式、锐意进取的创新精神和自然平实的审美取向与"现实主义"的核心价值相一致，它不仅深深扎根于传统的岭南建筑，还扎根于作为岭南人的岭南建筑师的脑海与精神，在其行为方式、思维观念、言谈举止等方面都无声地流露出来，成为促成其现实主义创作思想形成的一个重要因素。

① 李锦全等.岭南思想史 ［M］.广州：广东人民出版社，1993.

3.3.2　现代主义：岭南建筑学派现实主义创作思想的直接源头

　　自 1930 年代开始，伴随着大批留学法、德、美、日等西方国家的建筑师归国，现代主义建筑思想逐渐传入岭南建筑界，并为岭南建筑师所接纳、深化和坚持，由此成了岭南建筑学派创作思想的直接源头。

3.3.2.1　适应时代精神的建筑思想

　　现代主义建筑思想的首要任务即是打破思想的藩篱，在各个方面皆与旧时代相告别，适应新时代的现状与发展。这正是岭南建筑师在发展初期极力传播现代主义建筑思想的主要任务与功绩。

　　1933 年，林克明在省立工专校刊中发表了题为《什么是摩登建筑》（图 3-10）的学术论文。文章中指出"这种摩登格式，在本身确有一种专特的描写，它的形体系由交通的物象演化出来，例如火车的车辆、汽车、飞机、轮船等，它们动的样式，令人感觉着进步，感觉着美观"[①]。显然，文中所提到的火车、汽车、飞机、轮船等皆是工业时代之后在资本主义国家所涌现出的新兴事物。此外，他以"摩登"二字为题，从字面上来看是直接从英文"modern"的发音翻译而来。但据记载，当时的"摩登"二字还带有"时髦"的意味，极有可能是他期望将新建筑与新时代的内在关系表现出来，从而引导更多人关注现代主义建筑这一新鲜事物。

图 3-10　《什么是摩登建筑》插图

图片来源：《华南建筑八十年》，华南理工大学出版社，2012.

过元熙是 1933 年芝加哥百年进步万国博览会中国馆的设计负责人，毕业于美国宾夕法尼亚大学和麻省理工学院，曾目睹了世界各国科学技术及现代建筑的发展成就（图 3-11）。他在《博览会陈列各馆营造设计之考虑》一文中指出："故我国专馆之设计营造，自然该用 20 世纪科学构造方法，而其式样，当以代表我国文化百年进步为旨意，以显示我国革命以来之新思潮及新艺术为骨干，断不能再用过渡之皇宫城墙或庙塔来代表我国之精神。故其设计方法，当先洞悉该博览会之性质宗旨，而用现代之思想，实力发挥之，可使观众得良好之印象也。……无论参加何种博览会馆宇之营造，当用科学新式，俭省实用诸方法为构造方针"[①]。表现出强烈的与传统决绝的决心。

图 3-11　过元熙与其监造的 1933 年芝加哥百年进步博览会中国馆

图片来源：《华南建筑八十年》，华南理工大学出版社，2012.

回国后，他参与到勷勤大学的教师队伍，并于 1935 年底对建筑工程系的学生发表了题为《新中国建筑及工作》的演讲，延续其芝加哥博览会上形成的思辨色彩。他指出："讲到现代欧美的新式建筑，亦并非为时髦'摩登'外表形式的新奇寡怪，盖实以应付今世科学时代的新环境。……这种新建筑，是提倡在 40 年以前，在该时科学初萌的时代，领袖建筑家已经觉得古代的建筑不能合于实用，所以提倡从无意识的繁杂中来寻觅简美的图案，从光怪的形式中，来渐求安雅；又从虚伪而改为实用，从迷信陋俗而变为科学工艺的建筑。……反观我国的建筑，则从古以来毫无一线进步的可言。古老的建筑，所可略为代表者只有宫殿式的建筑及庙宇式的建筑。……现在科学时代，已无存

---

① 过元熙. 博览会陈列各馆营造设计之考虑［J］. 中国建筑，1934（2）.

在的可能"①。通过强调现代建筑的科学性和先进性，他对官方倡导的中国固有形式建筑进行了猛烈的抨击："现在国内还有一种自称为新中国式的建筑，无非下半身是抄用西洋体式，头上是戴一顶宫殿金帽。学校也，政府公署也；商店也，住宅也；车房医院也，无不若斯。结果是各项建筑一无识别，而又不合现代经济营造的原理，极可痛惜"②。

这一系列思想上的洗礼最终取得了丰硕的成果。1935年，勷勤大学建筑工程系举办了教学成果展览会，并刊发了《广东省立勷勤大学工学院建筑图案设计展览会特刊》，展示了3年来宣传和推动现代主义建筑思想所取得的成效。在特刊中，学生郑祖良发表了《新兴建筑在中国》一文，他通过分析现代主义建筑产生的背景批判了古典主义建筑的陈腐，认为现代主义建筑代表着近代唯物主义的勃兴和自然科学的进步；学生裘同怡在《建筑的时代性》一文中赞成达尔文的进化论，认为任何建筑风格都是时代的产物，"至现在社会的立场上摩登建筑也可以说是现代建筑的进步式样：因为它能以单纯的线条、经济的费用，建筑成一种有同等价值、同等实用而又具有美术化的建筑品物，在建筑史上，当占一页很有价值的记载"③。

1935年12月，该系学生自发成立了研究团体——建筑工程学社。1936年初，建筑工程学社自主改选，裘同怡连任主席，并即席选出陈仕钦、李楚白、裘同怡、郑祖良、黎抡杰、李金培、庚锦洪、陈荣耀、何绍祥、黄德良、姚集珩、李肇国、陈庭芳等13名干事，形成了以裘同怡（主席）、郑祖良、黎抡杰、李楚白等为核心的现代主义研究社团④。

随即，建筑工程学社的成员共同邀请林克明、胡德元两位教师为编辑顾问，推出了"一份在中国近代建筑史上代表现代主义的重要刊物"⑤——《新建筑》（图3-12），由黎抡杰、郑祖良任主编，在创刊词中他们写道："发扬建筑学术，使它从泥水工匠的观念中解放出来，而人们认识建筑也是有他们专门的尺度，非泥水工匠所能胜任的，再进一步使一般人获得建筑上的一般知识，明了建筑和人类生活的密切关系而加以深切的注意"⑥。年轻的编者们希望通过宣扬现代主义建筑理念，与当时社会上兴起的新文化运动等一道，成为时代进

① 过元熙. 新中国建筑及工作［J］. 勷大旬刊，1936（14）：29.

② 同上：31.

③ 裘同怡. 建筑的时代性［J］. 广东省勷勤大学工学院建筑图案设计展览会特刊，1935.
转引自彭长歆. 勷勤大学建筑工程学系与岭南早期现代主义的传播和研究［J］. 新建筑，2002（5）：56.

④ 彭长歆. 岭南建筑的近代化历程研究［D］. 广州：华南理工大学，2004：356-357.

⑤ 赖德霖. "科学性"与"民族性"——近代中国的建筑价值观［J］. 建筑师（62、63）. 北京：中国建筑工业出版社，1995（02、04）.

⑥ 编者. 创刊词［J］. 新建筑. 1936（创刊号）：1-2.

步、社会转型中思想革新的一部分。

抗战爆发后，《新建筑》曾一度停顿，并于 1940 年 5 月在重庆复刊。在复刊后的第一期上，林克明就发表了题为《国际新建筑会议十周年纪念感言（1928-1938）》的论文，文章通过把 1928 年国际新建筑会议的经过及其宣言译成中文，向国内建筑界尤其是青年建筑师呼吁关注新建筑在国际上的发展情况，并对它持有正确的认识。林克明说："建筑师们的天职应与其时代的趋向相符。其作品应表扬其时间的精神，所以我们郑重地明确地反对，在我们做法中采用过去社会的原则。从反面说：我们承认建筑新观念的需要，满足现在生命的物质的智力的精神的需要"①。

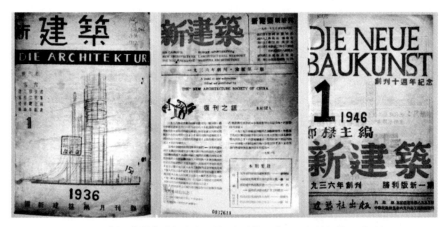

图 3-12　《新建筑》创刊号、战时刊第一期、胜利版第一期封面
图片来源：《华南建筑八十年》，华南理工大学出版社，2012.

《新建筑》后来又一度停刊，于 1947 年起再次复刊，几经波折，但其主旨始终未变，师生们踊跃地表达出了对新建筑思想的向往和追求。黎抡杰的《现代建筑》《构成主义的理论与基础》《国际的新建筑运动论》《新建筑造型理论的基础》《目的建筑》，郑祖良的《新建筑之路》（译著）《新建筑之起源》，以及郑祖良与黎抡杰合著的《苏联新建筑》、郑祖良与霍云鹤合著的《现代建筑论丛》等都体现出与时代发展相一致的建筑认知，"就整体而言，当时建筑师对现代主义建筑的认识不深，有郑祖良、黎抡杰等认识水平的建筑师并不多见，大多数只是对'国际式'的'样式'感兴趣"②。可见，比起同时代其他著名的执业建筑师们仍将"现代主义"看作一种短暂的新潮风格，岭南建筑学子对现代主义的认识已有更深的程度。

① 林克明.国际新建筑会议十周年纪念感言（1928-1938）[J].南方建筑，2010（3）：11（原载《新建筑》第 7 期，1940-05-20）.

② 刘源.中国（大陆地区）建筑期刊研究[D].广州：华南理工大学，2007：86-87.

3.3.2.2　重视技术要素的建筑思想

告别传统、走向新时代，就意味着运用现代而不是传统的眼光和技术去进行建筑营造。事实表明，随着现代社会的快速发展，传统的建造方式已无法适应快速、实效、经济、大型的建筑需求。由于岭南建筑师已认识到技术在建筑中起到的重要作用，因此技术也成为其传播现代主义建筑思想中的重要部分。

这一倾向从现代主义建筑思想的传播阵地勷勤大学建筑工程系的教学思想就可窥见一斑。"鉴于当时建筑设计人才奇缺"[①]"国内各重点大学，除中央大学的建筑系外，其他只有土木系而没有建筑系"[②]，因此在广东省立工业专科学校土木工程专业的基础上发展成立了广东省勷勤大学建筑工程系。建筑工程系成立之初，除林克明、胡德元两位教授为建筑系出身，其余教师主要来自原广东省立工业专科学校土木工程系，因此该系从诞生起就有着坚实的土木技术基础，客观上促使其教学体系具有较强的技术性特征。

林克明与胡德元自身的教育背景和建筑思想也对教学体系的形成产生了重要影响。林克明毕业于法国里昂建筑工程学院，虽有深厚的学院式教育背景，但在他求学之时，巴黎已有了现代建筑思想的萌芽，同时他回国后任工务局设计课技士，主持和协助了大量的技术设计工作，这些工程技术的实践经历，使他比较注重技术人才的培养。另一位重要的教师是胡德元，他毕业于东京工业大学建筑科。东京工业大学注重工程技术的传统特点，这对胡德元的建筑教育观产生了重要影响，使得他在协助建立大学的建筑教学体系中，十分注重技术方面的教学，该情况可从 1933 年的建筑课程计划（图 3-13）以及与其他院校的比较（图 3-14）中一窥究竟。

从 1933 年的课程设置来看，绘图课程的比重明显低于同时期的其他几所学校，只有在一年级有图案画、自在画和模型，以后长达 3 年的时间中一直都没有美术课程，可见该系只把美术绘画当作入门阶段的基础训练，并不特别强调。同样，史论课的比重也比较低，在对绘画和史论课不太看重的同时，将绝大部分注意力集中在了技术课程以及设计课上，技术和设计课两者之和达到81.9%，占了课程的绝大多数，其比重远远超过同期的中央大学和东北大学的同类课程，重视技术的特点得到了清晰的体现[③]。

---

① 林克明.建筑教育、建筑创作实践六十二年［J］.南方建筑，1995（2）：45.

② 同上.

③ 彭长歆.现代性 地方性——岭南城市与建筑的近代转型［M］.上海：同济大学出版社，2012：304-320.

1933年广东省立工业专科学校建筑课程计划（课程名称后数字为学分数）				
	一年级	二年级	三年级	四年级
公共及其他 基础课部分	英文4 数学4 物理4	英文4 微积分4	英文4	英文4
专业课 部分	**设计课** 建筑图案设计3 建筑及图案3	建筑图案设计8	建筑图案设计8	建筑图案设计8 都市设计4
	绘画课 画法几何4 阴影学1 图案画4 自在画3 模型2	透视学2		
	史论课 建筑学原理4 建筑学史2	建筑学原理6 建筑学史4		
	技术及 业务课 材料强弱学2	材料强弱学4 应用力学4 测量4	建筑构造8 建筑材料及试验4 构造分析4 构造详细制图4 钢筋三合土4	钢筋三合土6 构造详细制图4 水道学概要2
				估价2 建筑管理法2 建筑师执业概要2

图 3-13　1933 年广东省立工业专科学校建筑课程计划表

数据来源：《现代建筑教育在中国（1920-1980）》，钱锋，同济大学博士论文，2005.

图表：作者自绘

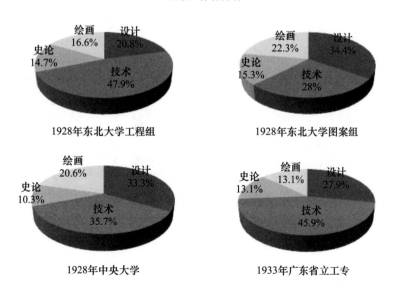

1928年东北大学工程组　　1928年东北大学图案组

1928年中央大学　　1933年广东省立工专

图 3-14　同时期各大院校课程比较

数据来源：《现代建筑教育在中国（1920-1980）》，钱锋，同济大学博士论文，2005.

图表：作者自绘

　　而在该校学生所创办的《新建筑》一刊中，也可看到大量关于现代建筑营造技术的论述，如 1936 年的创刊号就刊登了关于钢筋混凝土的知识。文章指出："各种软钢制造工业日益进步，使钢铁构造愈过于科学化之途，能根据各种力学理论而为各种合理的设计，不独构造形式较以前优美，能支持垂直压力之巨大荷重，且对于地震飓风的横压力的抵御，亦能应用合理的构造，使之日臻安全"[①]。但作者并非盲目地鼓吹钢筋混凝土的好处，同时也指出："钢铁构造本身仍有未尽完善之处，而须依赖他种物质辅助者"[②]。此外，《新建筑》专门针对防空建筑这一特殊类型进行了连续的报道，从技术上探讨了垂直式防空室、地窖及独立式防空室、露天防空室、新建筑内的防空室等在结构、材料、厚度等方面的不同要求和计算方式，以适应当时的社会需要。

　　当然，正如上节所述，在整个社会背景下，由于 1930 年代后广东省开始的规模庞大的工业化建设，不仅建立了现代化的水泥、纺织、化工、机械等生产机构，水泥、钢材被广泛地应用于市政建设中，同时这些事件还影响了崇尚简洁的审美观念的形成。与之息息相关的是，岭南建筑师还积极将新技术应用在创作实践中，开始初步尝试简化装饰，以相对简洁的形式，如基本的几何造型来应对工业化时代的技术特点。林克明就在广州市平民宫（图 3-15）、广东省立勷勤大学等建筑方案设计（图 3-16）中以体现现代主义精神的摩登样式出现，不仅因其建设速度快、造价低给人留下了深刻印象，也第一次向人们展示了"形式上既庄严而又不失平民气象"的现代建筑形象。

图 3-15　广州市平民宫

图片来源：《华南建筑八十年》，华南理工大学出版社，2012.

图 3-16　广东省立勷勤大学建筑照片

图片来源：《华南建筑八十年》，华南理工大学出版社，2012.

---

① 过北平．干式构造［J］．新建筑，1936（创刊号）：22.

② 同上．

3.3.2.3 强调建筑功能的建筑思想

传统建筑由于功能的单一化，所以在功能与形式产生冲突的时候可以牺牲功能以满足形式，可以为了形式的完整而强行将功能按照对称原则、均一原则等划分开来。但是，现代社会对于建筑有着更为复杂的功能要求，甚至一些功能需求是传统形式无法满足的。因此，在现代主义建筑先驱大胆的抗争下，现代主义建筑思想发展出与时代需求和技术发展相一致的"形式服从功能"的理念，要求形式真实地表现功能和建造技术，而不是扭曲功能来满足形式的完美、粉饰造型以掩盖构造的真实。

林克明在《什么是摩登建筑》中归纳出现代主义建筑的五项原则："（1）现代摩登建筑，首要注意者就是如何达到最高的实用。（2）其材料及建筑方法之采用，是要全根据以上原则之需要。（3）'美'出于建筑物与其目的之直接关系，材料支配上之自然性质和工程构造上的新颖与美丽。（4）摩登建筑之美，对于正面或平面，或建筑物之前面与背面，绝对不划分界线。……凡恰到好处者，便是美观。（5）建筑物的设计，须在全体设计，不能以各件划分界限而成为独立或片段的设计。……构造系以需要为前提，故一切构造形式，完全根据现代社会之需要而成立"[①]。关于风格，他认为必须"以艺术的简洁（technical neatness）和实用的价值，写出最高之美"[②]。

从中可以读出其对于现代主义建筑的几大要点：首先，功能实用性是建筑创作的起点和最终目标，所有的其他要素诸如形式、结构、材料等皆围绕着功能来展开；其次，形式的美感在于材料和结构的真实性；以及应注重建筑内部要素、建筑与外部环境之间的和谐关系。可以说，他的这一基本立场几十年都从未改变过，一直到 1997 年接受采访时，谈到建筑创作构思，他都仍然强调"建筑首先是实用体，要适用，功能最重要"[③]。

在其指导的建筑工程学社成员创办的《新建筑》一刊中，旗帜鲜明地提出"反抗现存因袭的建筑样式，创造适合于机能性、目的性的新建筑"[④]（图 3-17）。战后 1940 年复刊的《新建筑》上，林克明发表了题为《国际新建筑会议十周年纪念感言（1928-1938）》的论文，他"希望我们青年的建筑师们，以十二热诚，爱护适合时代需要，以机能性为目的的新建筑，努力前进，领导社会人士，务使中国的新建筑提高到国际建筑的水平线上，共同信念 1928 年的国际新建筑会议宣

---

① 转引自彭长歆.勷勤大学建筑工程学系与岭南早期现代主义的传播和研究［J］.新建筑，2002（5）：55.

② 同上.

③ 汤国华.三访林克明教授［J］.南方建筑，1999（1）：94.

④ 编者.新建筑.1936（创刊号）：扉页.

言，则我国学术定有着很光明的前途"①。

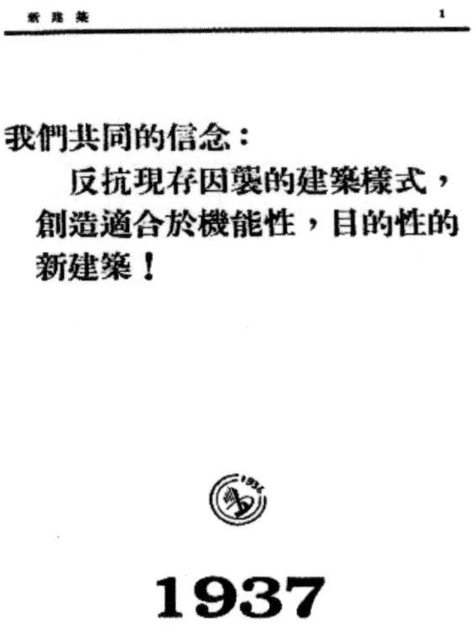

新建築　　　　　　　　　　　　　　　　　1

我們共同的信念：
　　反抗現存因襲的建築樣式，
　　創造適合於機能性，目的性的
　　新建築！

1937

图 3-17　《新建筑》第 3 期 扉页
图片来源：CADAL 中美百万册数字图书馆

　　1941 年，霍然（霍云鹤）在《新建筑》刊登了长篇文章《国际建筑与民族形式——论新中国新建筑的"型"的建立》，论述了现代建筑的特征。他指出："国际建筑的'型'不是样式问题，而是基于新构造方法与新材料使用，新建筑构成原理之适应以及对下列诸般要素之满足而生产者：（一）要尊重适应于建筑的目的性与机能性。举凡有利于大众的建筑作品，如集合住居、劳运者之家等课题均应切实满足其计划之真正需要。（二）凡最合实用的建筑就是最美的建筑。（三）凡属于实用本位的建筑应以居住的卫生快适为第一义，形式美观为第二义。（四）国际建筑是经济的，应以费用最少、材料最省而求最大的效用"②。

　　在实践中，国立中山大学和广东省立勷勤大学的校园规划（图 3-18）极具代表性。当时出于造价的考虑，中山大学为"传承总理精神"要求采用中国固有之形式，而勷勤大学的建设被批准为采用摩登形式。事实上，勷勤大学一前一后共设计出两份校园平面规划图，更早的未实施规划也是采用古典巴洛克式对称和严谨的构图手法，而新的规划方案则是适应功能和地形环境而自由布局的平面，在建筑形式上体现为统一的现代主义建筑风格——线条挺直、简洁明快，没有一点多余的装饰。如果说在此之前，岭南只有零星的、猎奇的现代主义建筑的话，那么林克明在此次形式主义与功能主义的选择中，清晰地表达

① 编者.新建筑.1936（创刊号）：扉页.
② 霍然.国际建筑与民族形式——论新中国新建筑的"型"的建立［J］.新建筑，1941（渝版第一期）：11.

了立场，"实用与经济"的现代主义理念在勷勤大学石榴岗校区的设计中得到了更为完整的表述，成为 1930 年代最具规模的现代建筑群体。值得提出的是，即使在中山大学具有中国古典复兴式风格的校园建设中，林克明、郑校之等建筑师也尝试采用各种方法来简化形式、减低造价，既充分满足了功能需求，也构成了中山大学校园内现代简洁感与中国传统式风格和谐呼应的新建筑群体。

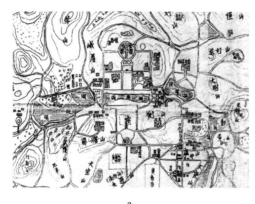 

a　　　　　　　　　　　　　　　　　b

图 3-18

a—国立中山大学对称布局平面；b—广东省立勷勤大学自由布局平面

图片来源：a 华南理工大学档案馆提供；b《华南建筑八十年》，华南理工大学出版社，2012.

　　综上所述，现代主义建筑思想中适应时代精神、重视技术要素、强调建筑功能的几大理念都在岭南得到了有效的传播和接纳。从一定程度上说，岭南原有的地域文化传统功不可没，正是因为具有强烈现实主义特点的地域文化精神，才使得岭南建筑师能够以较为包容开放的视野和胸怀、务实理性的思维和态度来积极看待科学技术革命与新材料和新结构的诞生，并认识到反映社会现实和审美思潮的新建筑形式的深层意义，由此开启了岭南建筑学派结合地域、时代和社会环境所进行的现实主义创作思想探索。

3.4　本章小结

　　通过整体性的审视岭南建筑学派创作思想及其发展历程，本书宏观地提出岭南建筑学派的创作思想具有"现实主义"特色，并首先就引入的"现实主义"美学理论进行了分析，阐释了"现实主义"的概念发展及其真正内涵，认为"现实主义"表现出现实性、精神性和批判性的主要特征，重点论述了其与学界常讨论的"社会主义现实主义"之间的巨大差异，形成了本书对于"现实主义"的基本认识和立场。

　　其次，通过对岭南建筑学派创作思想萌发的时代契机进行扼要阐述，认为受政治、经济和文化的影响，岭南社会在城市风貌、建筑风格、人才储备、技术储备等方面表现出尤为突出的转变，这一迈向现代社会的巨大变化从客观上为岭南建筑学派创作思想的形成创造了条件。

进而，本书重点从地域文化传统和思想源头两方面探讨了岭南建筑学派创作思想的现实主义导向。岭南文化中经世致用的价值理念、兼容并蓄的思维方式、锐意进取的创新精神和自然平实的审美取向作为深厚的地域文化根基，影响着岭南建筑师的价值观、世界观、方法论和审美观；经由留学建筑师所传播的现代主义建筑思想，以其适应时代精神、重视技术要素、强调建筑功能的主要内容，在岭南建筑师及青年学子的脑海中打下了深刻的烙印。在以上两者的共同作用下，引领了岭南建筑学派创作思想的现实主义走向，开启了岭南建筑师的地域化探索。

第4章 功能现实主义创作思想探索

中华人民共和国成立后，面对社会、时代、地域的诸多矛盾和不利条件，岭南建筑师既没有照搬照抄现代主义建筑的形式，也没有直接延续传统建筑的建造模式，而是以现代建筑的创作思维和方法，抽丝剥茧般地梳理出当时建筑创作的首要目的，即从满足功能需求出发，并在创作过程中以解决具体问题为主。因其集中了大量关于如何解决实际问题、实现建筑功能的思考，本书认为可将这一阶段的探索称之为功能现实主义，此为岭南建筑学派现实主义创作思想探索的第一个阶段。

4.1 时代背景：现代主义建筑在岭南的延续

这一时期具有两个重要背景，一是整个国家的大环境出现了百废待兴的社会局面；二是在岭南建筑界实现了现代主义力量的回归和汇聚。

4.1.1 百废待兴的社会局面

中华人民共和国成立初期，整个国家的建筑创作具有三个突出特点。首先，建设量大、建设速度快。为了满足人民的生活生产需求，国家需要迅速兴建起相当数量的住宅和公共建筑，在这种情况下，建筑创作几乎都以满足基本功能为主要目标，少装饰或无装饰，还发展出模数式的建造方法，以适应快速建造的要求和满足各种不同的功能分隔，与现代建筑的基本原则相一致，也充分发挥了现代建筑的优势。其次，建筑投资少，经济与物资短缺。一方面是极大的建筑需求量；另一方面又是极为短缺的经济和物资。要解决这一矛盾，就需要建筑师从设计上着手，运用智慧去实现两者的平衡，而这恰恰是现代主义建筑相较于古典建筑的又一优势所在。再次，行政干预少，建筑创作环境较为宽松。由于技术人员匮乏，面对尖锐突出的现实矛盾，建筑师作为知识分子得到了行政官员的尊重，其设计思想和手法得以较为自由地实现，与此后"长官意识"决定建筑创作、建筑的意识形态化等现象形成强烈对比[①]。

总体而言，中华人民共和国成立初期百废待兴的社会局面客观上为现代主

---

① 邹德侬.中国现代建筑史［M］.天津：天津科学技术出版社，2001：84-99.

义建筑创作提供了一个良好的环境，尽管在经济、技术、材料上都无法达到较好的条件，但建筑师能够较为自主地发挥设计才能，实现理性的建筑创作。

4.1.2　现代主义建筑力量的再度汇聚

在现代主义建筑思想传播不到 10 年的时间里，战争爆发，打断了正常的发展轨迹。1938 年，勷勤大学工学院并入中山大学，作为现代主义建筑传播基地的勷勤大学建筑工程学系以整体嵌入的方式进入中山大学，成了中山大学建筑工程学系。之后，中山大学建筑工程学系一直处于颠沛流离的状态，曾先后迁至广东云浮、云南澄江、粤北连县等地。直至抗战胜利后，才于 1945 年回到广州石牌原址，并在其后两年间陆续迎来了陈伯齐、夏昌世、龙庆忠、林克明等对岭南建筑学派产生重大影响的教授，重新构建起新的教学体系。

从实际情况来看，当时这批建筑师回归岭南，除了祖籍地的原因之外，更大的影响因素则是出于建筑观的强烈反差。陈伯齐、夏昌世、龙庆忠三位建筑师分别毕业于德国和日本的建筑院校，深受德日教学体系的技术理性氛围影响，在其所任职的重庆大学、中央大学期间，与当时的学院派教学体系发生了严重的观念冲突，受到持学院派观念的教授和学生的排挤和歧视，由此，他们愤而离去，受邀于中山大学建筑工程学系，共同重新开辟现代建筑教育领地。1946 年，勷勤大学建筑工程学系前系主任林克明也受邀到中山大学任教，至此，中山大学建筑工程学系迎来了发展的鼎盛期。在陈伯齐、夏昌世、龙庆忠等教授的先后主持下，岭南建筑学派日益呈现出鲜明的教育特色。

首先，表现出注重实用功能的教育理念。这批教师在教学中非常注重建筑的功能、实用、经济和技术因素，提倡现代风格。据 1948 届毕业生金振声回忆，"建筑初步课程中并没有大量的渲染构图练习，只是画过柱式的线条图，培养墨线线条绘图的能力。在设计课程中，老师们也并不是最看重形体，而是更注重实用功能的安排与技术手段的综合考虑"[①]。谈及当时的教学思想，袁培煌说："陈（伯齐）先生在教学中，十分强调学习建筑必须弄清建筑物各部分构造，扭转学生只重视方案与渲染图的偏向……在我们所作的设计图中，陈先生总要求我们画出外墙剖面大样图，以加深对建筑构造的了解"[②]。夏昌世先生在教学中也"强调注重实用、功能、简朴，提倡现代风格，反对形式主义的烦琐装饰"[③]。在这批具有现代主义建筑思想的教师带领下，岭南建筑学派将建筑

---

① 钱锋.现代建筑教育在中国（1920—1980）［D］.上海：同济大学，2005：79.
② 袁培煌.怀念陈伯齐、夏昌世、谭天宋、龙庆忠四位恩师——纪念华南理工大学建筑系创建 70 周年［J］.新建筑，2002（5）：48.
③ 同上：49.

结构、构造、设备等科学技术，作为重点课程实施于教学之中，不仅让学生能够详细掌握实际工程的具体细节知识，更能够通过培养学生对建筑构造和结构方面的感觉，从而完善他们对建筑的理解，使他们能够更理性地进行建筑设计，充分展现出重视技术、功能的现代主义建筑教育理念。

其次，体现为强化实践能力的教育方式。这包含两个层面，一是强调学术研究和设计实践的结合，在这方面，教师们身先士卒，陈伯齐主持了广州女子师范学校、华中工学院、武汉水利电力学院、武汉测绘学校、中山医学院、华南工学院等校区的总体规划及设计；夏昌世主持了华南土特产展览交流大会水产馆，华南工学院图书馆改建、行政办公楼、三号和四号教学楼，中山医学院第一附属医院，中山医学院生理生化楼，鼎湖山教工疗养所等工程的设计。教师们的一系列创作实践，不仅是其个人建筑思想与创作手法的运用与体现，更是成为建筑教育中最为生动直观的一个环节。二是在建筑设计中要求学生以实践为基础，联系当时的社会、经济、文化背景，将现实中人的需要作为考虑的核心问题。据袁培煌回忆，"当年在广州苏联展览馆工地实习时，陈先生（陈伯齐）指着一些正在施工的檐口、吊顶考问我们其构造做法，当答不上时就要我们回去翻阅施工图，经过实物对照后我们对建筑物的构造有了较为明确的概念"[①]。夏昌世经常教导学生去体验生活，如自己下厨房、去理发馆、看菜市场如何布置等，他曾针对有些学生注重外观设计的现象提出："不能仅重视房屋外观，要多为住在房子里的人考虑，如果你们坐在屋内看到外面景致十分枯燥、乏味好吗？"[②]岭南建筑学派注重实践的教学方式，要求学生在设计中要从方案的地域、文化、时代特征出发，并将其进行总体综合考虑，以各种实际状况为基本条件形成设计概念。通过这样的训练，不仅能创作出合理、高效的建筑作品，更重要的是以此为基点，鼓励学生从现实的各种要求、新材料、新的建造方式等各方面出发，挖掘独创的解决问题的方法，从而使学生的创造性得到最大的发挥。

再次，表现出坚持开创革新的教育精神。建校初期，在中央大学的教育模式影响下，全国各建筑院系皆采用"学院式"教学模式，只有勷勤大学建筑系（今华南理工大学建筑学院）与圣约翰大学建筑系（今同济大学建筑与城市规划学院）坚持选择一条现代建筑与地域建筑相结合的发展之路。中华人民共和国成立后，中国建筑界一度受到苏联"社会主义内容、民族形式"创作思想影响，以"大屋顶"形式为典型代表的民族复古主义之风达到鼎盛。但是正如前文所言，与此形成强烈反差的是，岭南建筑学派并未盲目跟风，其教育体系

---

① 袁培煌. 怀念陈伯齐、夏昌世、谭天宋、龙庆忠四位恩师——纪念华南理工大学建筑系创建 70 周年 [J]. 新建筑，2002（5）：48.

② 同上：49.

并未因此而受到剧烈冲击，而是继续坚持了偏重实用和技术的具有现代倾向的教育探索，彰显出变通革新的大无畏精神。例如，在1954年设计华南工学院二号楼办公楼（图4-1）时，夏昌世说："大屋顶很浪费，是北方'嘢'，我不赞成"。他最终采取了"灵活运用""绕道走"的办法，回避了当时的"思潮"影响。他说："不用大屋顶，可以用小屋顶嘛！不用大斗拱，可以用小斗拱嘛！"[①]并在设计中结合岭南的地域气候特点，为了经济多用小窗，为了通风采光又用两个小窗孖连在一起，中间夹一狭长红砖柱，外观上成为一个大窗，窗台下的外墙面再饰以孖菱形相连的传统建筑装饰纹样，东西两边屋面平台周围的女儿墙外墙面上采用传统福寿简化图案装饰纹样，既简洁，又有传统建筑韵味，成为其变通革新的教育精神的生动范例。在建筑史研究方面，龙庆忠作为岭南建筑历史与理论学科的开创者，创立了建筑防灾学和建筑文化学，将其研究建筑史的目光转向了防灾技术。此学科体系的建立，无论在中国还是世界范围，都是将建筑史学科从微观世界带入宏观世界的一项突破。

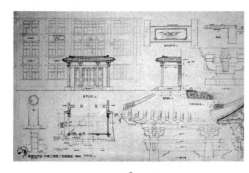 

a　　　　　　　　　　　　　　　　b

图4-1　华南工学院二号楼

a—屋顶设计图纸；b—模型

图片来源：在阳光下：夏昌世回顾展，2009.

此外，1953年在"民族主义"思想的影响下，夏昌世、龙庆忠、陈伯齐、杜汝俭、胡荣聪、陆元鼎等人亲赴北京收集中国古典建筑的资料，认真研究了中国古建筑构件，回来后继续收集了许多岭南地区古建筑的构件，并在此基础上成立了民族形式研究室。经过几十年的不懈努力，现已发展成为民居建筑研究所，成为国内关于中国民居建筑研究的学术重镇。

综上所述，战后建筑力量的再度汇聚，自觉延续了战前的现代主义立场，并进一步呈现出独具风采的特色——实用理性的教育理念、注重实践的教育方式、变通革新的教育精神，这是其最为主要的典型特征。从中可以看到，岭南建筑学派所探索的现代主义建筑与岭南地域现实相结合之路，并非定位于低层

① 陆元鼎. 回忆夏昌世教授的建筑观. 杨永生主编. 建筑百家回忆录［M］. 北京：中国建筑工业出版社，2000：113.

次的实用主义或简单盲目地照搬现代建筑的装饰构件和符号，而是深入到对客观现实各方面，如气候、地貌等要素的积极应对中，显示出理性的思考，在创作出大批超越传统与地域的建筑佳作的同时，也培养了大批优秀的岭南建筑创作人才。

4.2　功能现实主义创作思想内涵

受技术、材料、经济等诸多条件的限制，岭南建筑师的创作始于对功能这一基本需要的满足，尤其在面对岭南的亚热带气候、岭南复杂多样的基地环境和极为有限的建筑造价等方面积累了丰富的心得，为该时期的社会发展做出了贡献。

4.2.1　与岭南亚热带气候相适应

岭南地区属亚热带湿润季风气候，具有高温多雨、太阳辐射强烈的气候特征，对此岭南建筑师认识到："地处亚热带的南方，无论在气候条件与人民生活习惯等各个方面，都有其独特的地方。与我国北方已不尽相同，与远隔重洋的欧美，更相去十万八千里。彼此情况，甚为悬殊。在南方，全盘搬用西方高纬度国家的住宅建筑方式与规划手法，其不能适应地方情况与满足要求，是显而易见的"[1]。因而，在科技尚未发展至可与自然抗衡的 20 世纪中叶，从建筑创作的层面减少和降低岭南特殊的地理气候所带来的负面效应，则成为岭南建筑师的首要目标。通过研读其思想著述，主要可归类为借鉴岭南传统建筑、运用现代科学技术、整合多类相关要素这三种思维模式。

4.2.1.1　借鉴岭南传统建筑

在遥远的旧石器时代，岭南就开始了早期建筑实践的书写。至今几千余年中，岭南传统建筑的发展轨迹，都体现出了建筑形制与特殊地域气候的深厚渊源，积累了应对亚热带气候的丰富经验[2]。《广州旧住宅的建筑降温处理》[3]《南方地区传统建筑的通风与防热》[4] 等文都精炼、具体地分析了岭南传统建筑在朝向与布局、室内外空间、屋面和墙体、门窗、围墙、遮阳、绿化、水面等多个方面所采取的通风、防热措施，这些传统手法均可为现代建筑创作提供极大的启示和借鉴作用（图 4-2）。

---

① 　陈伯齐. 天井与南方城市住宅建筑——从适应气候角度探讨 [J]. 华南工学院学报，1965（4）：17-18.

② 　曹劲. 岭南早期建筑研究 [D]. 广州：华南理工大学，2007.

③ 　金振声. 广州旧住宅的建筑降温处理 [J]. 华南理工大学学报（自然科学版），1965（4）：49-58.

④ 　陆元鼎. 南方地区传统建筑的通风与防热 [J]. 建筑学报，1978（4）：36-41.

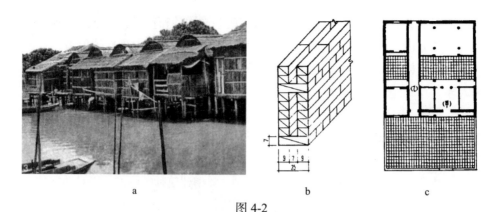

图 4-2

a—岭南水上民居建筑的拱形屋顶隔热；b—民居旧砖墙中空砌法；c—传统祠堂建筑平面

图片来源：a《岭南人文 性格 建筑》，陆元鼎，2005；

b、c《天井与南方城市住宅建筑——从适应气候角度探讨》，陈伯齐，华南工学院学报，1965.

　　陈伯齐在开展现代住宅的研究之前就认识到："长期以来，劳动人民在对自然的斗争中，逐渐积累了丰富经验，形成对当地自然环境与气候条件的适应性，这一点非常宝贵，我们要格外重视，吸收消化，发扬光大，在新的住宅建筑上，灵活运用。创造更适于当地生活习惯、更适应当地气候条件的新住宅类型与建筑风格，是南方住宅建筑创作的方向"[①]。在深入调研之后，他将传统建筑的降温手法总结为5点：（1）暴露于阳光直射之下的外墙小，尽量减少热量由外面传导到室内来；（2）街巷不宽，两旁房屋可以彼此遮挡，以减少太阳直射；（3）采取适当的封闭方式，以减弱太阳辐射的散热量；（4）以街巷天井组织通风；（5）紧密的布局[②]。其中，他认为天井最能够达到综合降温的效果，因为天井具有对外封闭、对内开敞的作用，它既能透光与通风，又能降低大量的太阳辐射热[③]。

　　基于此认识，他尝试在住宅设计中把天井应用进去（图4-3），以提高防热降温的效能。在其研究中，考虑到采光、通风、视线干扰、空间浪费、工程造价等问题，他在中廊式住宅、梯间单元式住宅、并联式住宅中对天井的应用——作了详尽地分析，在每一种类型中都提出了应对不同状况的多个方案，并以实地测量的数据来说明其方案的有效性。但同时，他也指出了天井式住宅的特性和局限性，即因天井小，所以只适宜于建造三层至四层的建筑，否则就会出现采光不足、声音干扰加大等问题[④]。

① 陈伯齐. 南方城市住宅平面组合、层数与群组布局问题——从适应气候角度探讨 [J]. 建筑学报，1963（8）：5.

② 同上.

③ 陈伯齐. 天井与南方城市住宅建筑——从适应气候角度探讨 [J]. 华南工学院学报，1965（4）：4.

④ 陈伯齐. 天井与南方城市住宅建筑——从适应气候角度探讨 [J]. 华南工学院学报，1965（4）：15-17.

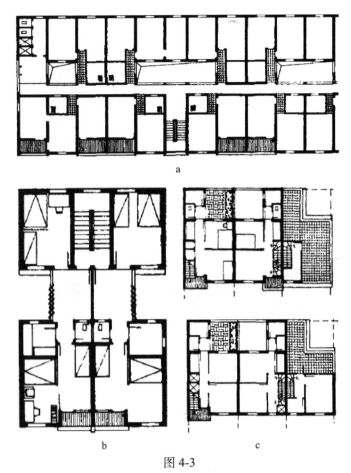

图 4-3

a—带天井的中廊式住宅；b—带天井的梯间单元式住宅；c—带天井的并联式住宅

图片来源：《天井与南方城市住宅建筑——从适应气候角度探讨》，陈伯齐，华南工学院学报，1965.

除了平面布局上借鉴传统建筑的优势性特征，在建筑结构、构件、形式等方面，传统建筑也为岭南建筑师的创作思考提供了有益的启示。当然，传统当中存在的某些不足和问题，也促发了建筑师对其改进和创新的探索。譬如，岭南地区传统的遮阳方式主要采用挂帘、百叶窗、气楼、露廊、飘篷、大出檐、凉棚等，通过调研，夏昌世指出："这些方式，造价较高或不耐用，例如凉棚每年必须翻新重搭，因而影响了经济，且易引火灾，并遮盖了整个建筑物的面，对于采光和通风都有不利"[①]。为此，从减少长期浪费和安全角度出发，夏昌世将传统的百叶窗形式创造性地发展成为了现代建筑中的遮阳板。从其文字记载中可以看到，他在遮阳板上不断探索，从"综合式遮阳板"到"双重水平式遮阳板"，再到"个体式遮阳板"；从"木百叶窗遮阳板"到"混凝土预制百叶板"，再到"预制构件"。在结构和材料上都不断优化，以达到更经济、

---

① 夏昌世.亚热带建筑的降温问题——遮阳·隔热·通风［J］.建筑学报，1958（10）：36.

更快速、更具轻巧立面的目标（图4-4）。

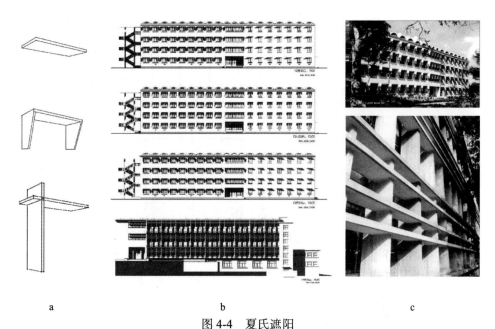

a　　　　　　　　　　　　　b　　　　　　　　　　　　　c

图4-4　夏氏遮阳
a—横向、横竖向结合遮阳构件；b—遮阳效果模拟图；c—建筑中的遮阳构件
图片来源：在阳光下：夏昌世回顾展，2009.

在隔热方面，传统建筑主要采用：减少开窗面积、增加楼层高度、加厚围护结构砖墙、铺多层瓦面、天面加贴面阶砖等方式，但长久以来这些方面并没有进行优化，而是不断增加诸如凉棚之类的消极措施，使得投资增加而作用仍不甚大[①]。吸取了这些经验，夏昌世开始从局部逐步地改进。在初期，他学习传统手法，利用密闭空气层的隔热，如肋形空心砖天面板，但这一方式的不足在于，一旦时间较长，空气层里的热度饱和，热量就会渗入室内。而后，他将天面隔热层提高，"用大阶砖放置在砖砌的通风道上，并将每行砖条砌成通花墙，同时在正脊上作烟楼式的处理"[②]，利用夏季风起到对流、散热的作用。尽管这已能达到部分要求，无需每年搭建凉棚了，但他对此还是不满意，因为这种处理的结构荷重较重、不太经济、受热量多。后来，他又进一步地研究出双曲拱屋面、砖砌单曲拱屋面的形式（图4-5），以达到更强的隔热效能、更低的造价、更活泼的外形。

在通风上，岭南传统建筑中的排窗、"推拢"、脚门等，都利于形成"穿堂风"（图4-6）。在对过堂通风、单向通风、交角通风三种方式进行测量之后，

---

① 夏昌世.亚热带建筑的降温问题——遮阳·隔热·通风［J］.建筑学报，1958（10）：37.

② 同上：38.

夏昌世用数据证明了过堂通风的最优性，因而他认为不论在平面布局还是门窗
处理上，都可借鉴民居中的做法，为空气环流创造条件①。

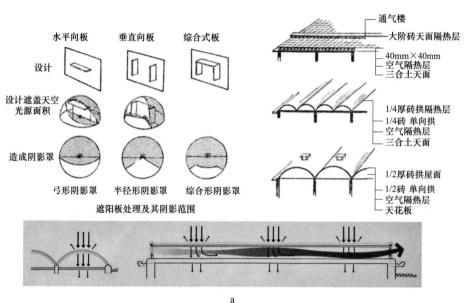

图 4-5　建筑屋顶隔热
a—屋顶隔热分析；b—中山医学院建筑屋顶砖砌隔热及构造；
c—华南工学院建筑屋顶混凝土隔热及构造
图片来源：在阳光下：夏昌世回顾展，2009.

① 夏昌世. 亚热带建筑的降温问题——遮阳·隔热·通风 [J]. 建筑学报，1958（10）：39.

 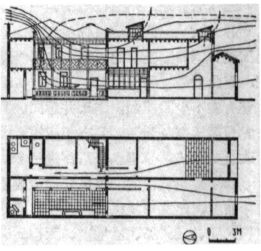

图 4-6

a—岭南民居推栊门；b—岭南民居通风综合运用示意图

图片来源：a 作者自摄；b《广州旧住宅的建筑降温处理》，金振声，华南工学院学报，1965.

4.2.1.2　运用现代科学技术

传统建筑是劳动人民针对特定环境，自发地进行的适应性创造，其中许多手法不仅经得起时间的检验，也同样经得起现代科学仪器的测量。然而，自发性决定了发展的缓慢性，而且并非所有的手法都具有科学依据。因此，除了借鉴传统建筑，接受过现代教育的岭南建筑师也开始运用现代科技来缓解亚热带气候所带来的诸多问题。其中表现最为突出的即是岭南建筑师运用科学仪器对岭南气候的各项物理指数进行测量，不仅在创作之前对其进行数据观测，在创作实践完成之后，同样会测量数据以检验创作手法所能达到的降温效果。

例如夏昌世在进行亚热带建筑降温的设计思考之前，就会对造成高温的各项因素进行实地测算，他测算的范围包括太阳射入的高度角、每平方米窗面所能导入的热量、一年中太阳辐射最强的时长、一天中太阳射入室内的时段等[1]。随着研究的深入展开，陈伯齐还带队在华南工学院建立起专门的建筑气候站，不间断地对气候各要素进行监控和数据采集，在太阳高度角的变化、太阳辐射强度与太阳高度角的关系、炎热时长、潮湿时段、风向风速、建筑朝向与热辐射的关系等多重方面建立起了更加精确和完备的数据库[2]（图 4-7）。沿着这条道路，对亚热带气候的分析及其建筑的适应性设计，逐渐发展成为岭南建筑学派中的代表性学科。

---

① 夏昌世 . 亚热带建筑的降温问题——遮阳・隔热・通风［J］. 建筑学报，1958（10）：36.

② 陈伯齐 . 南方城市住宅平面组合、层数与群组布局问题——从适应气候角度探讨［J］. 建筑学报，1963（8）：4.

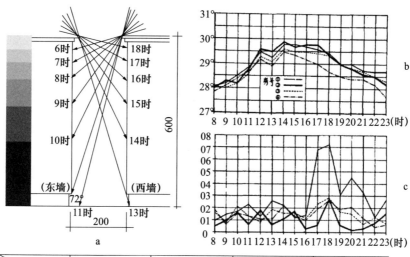

朝向	南		东		北		西	
辐射	J	%	J	%	J	%	J	%
直　射	1000	38	2285	53	335	16.4	2045	48.5
散　射	1620	62	2035	47	1700	83.6	2150	51.5
总辐射	2620	100	4320	100	2035	100	4195	100

d

图 4-7　建筑气候站部分数据成果

a—广州地区夏至东西街道墙日照时间；b—天井式住宅各室温度曲线图；

c—天井式住宅各室风速曲线图；d—经由不同朝向的窗洞进入室内的太阳总辐射热量数据

图片来源（一）：《天井与南方城市住宅建筑——从适应气候角度探讨》，
陈伯齐，华南工学院学报，1965.

图片来源（二）：《南方城市住宅平面组合、层数与群组布局问题——从适应气候角度探讨》，
陈伯齐，建筑学报，1963.

　　林其标是其后又一位研究亚热带气候及其建筑设计特色的专家。他曾陆续发表了《我国热带和亚热带地区的气候特征、建筑特色及设计原则》[①]《论岭南建筑人居环境的改善及建筑节能问题》[②]《广州地区住宅室内热环境的评价及其改善》[③]《建筑遮阳的热工影响及其设计问题》[④]等一系列相关文章。在研究中他

①　林其标.我国热带和亚热带地区的气候特征、建筑特色及设计原则［A］.华南理工大学建筑学术
丛书编辑委员会.华南理工大学建筑学术丛书——建筑学系教师论文集（上）（1932-1989）［C］.
北京：中国建筑工业出版社，2002：154-156.

②　林其标.论岭南建筑人居环境的改善及建筑节能问题［A］.华南理工大学建筑学术丛书编辑委员
会.华南理工大学建筑学术丛书——建筑学系教师论文集（上）（1932-1989）［C］.北京：中国建
筑工业出版社，2002：160-162.

③　林其标.广州地区住宅室内热环境的评价及其改善［A］.华南理工大学建筑学术丛书编辑委员会.
华南理工大学建筑学术丛书——建筑学系教师论文集（上）（1932-1989）［C］.北京：中国建筑工
业出版社，2002：163-166.

④　林其标.建筑遮阳的热工影响及其设计问题［A］.华南理工大学建筑学术丛书编辑委员会.华南
理工大学建筑学术丛书——建筑学系教师论文集（上）（1932-1989）［C］.北京：中国建筑工业出
版社，2002：167-174.

除了继续深化对气候等各方面的数据采集和整理，还进一步引入人体工程学，将人体皮肤的感知与热环境的温度、湿度、辐射温度、气流等要素相关联，指出以上这些室内热环境的四要素对人体的热平衡具有重要影响，且各要素间很大程度上是可以互换的，即某一要素的变化所造成的影响常可为另一要素相应的变化所补偿，因而对于亚热带气候的室内环境营造，就要以人体皮肤的温度和感知的舒适度为标准，综合考虑温度、湿度、辐射、气流等多方面，在数据的支撑下提出更细致、更全面的建筑设计方式。

　　值得一提的是，除了创作之初所考虑的技术性措施，在实践完成之后，岭南建筑师还坚持进行使用后评价，以客观数据来印证其设计方式和技术所能达到的真实效果。夏昌世曾记录到："1956 年 7 月 24 日，我们曾在中山医学院的 400 床医院进行过温度实测，当时室外温度为 36.1℃……其结果如下：一般没有遮阳与隔热设备的建筑物，室内外温差只是 1～2.5℃，而 400 床医院虽减低了楼层，但采用了亚热带降温的设备，就可以获得室内室外温度相差 4～6℃的效果"[①]。尽管当时的技术设备还不够精密，建筑技术也尚不发达，但岭南建筑师坚持从科学角度判断和实施降温防热的思路，为此后的发展打下了良好的基础。

4.2.1.3　整合多类相关要素

　　随着实践的发展，借鉴传统建筑与运用现代科技应对亚热带气候的创作思维仍未变更，它依旧还是建筑创作中占据一个重要地位的部分。但是，它已开始了从单纯的数据收集、技术应对，提升为对人、对环境的综合式考量——人的生理和心理感受、微环境建设、城市环境营造、经济效益等各个方面的可持续发展，共同构成了基于亚热带气候所引发的创作思维。

　　陈伯齐在对数据基础上的建筑设计特色研究之后，就提出了一个展望："南方气候炎热，毒阳如火，应该尽量利用南方有利的树木绿荫，覆盖房屋空地，造成阴凉的微小气候，满足人民喜爱室外生活的习惯。这样由绿荫覆盖着的低层住宅群组组成的住宅区，在城市里是一片荫阴环境，炎热地区中的一个清凉绿洲；高处远望，又是一片绿波荡漾的海洋，亚热带的南方城市应该朝着'绿荫城市'的方向发展"[②]。

　　同样，林其标也在长期的建筑遮阳的热工影响及其设计问题的技术分析之后，提出了"人居环境"这一理念，他指出："愈来愈多的人认为建筑首先在于为人们创造一个合理的人居环境，光靠室内某些设备来调节是不够的。当前

---

① 夏昌世. 亚热带建筑的降温问题——遮阳·隔热·通风 [J]. 建筑学报, 1958（10）: 39.

② 陈伯齐. 南方城市住宅平面组合、层数与群组布局问题——从适应气候角度探讨 [J]. 建筑学报, 1963（8）: 9.

人民经济情况不断好转，生活水平稳步提高，为防止室内过热很多人立足于安装冷气机来解决降温问题，这种做法是不全面的。改善人居环境，要从建筑的规划与设计着手，在建筑创作与设计构思的指导思想上要树立'适应自然''回归自然'的理念"[①]。

为此，他认为防热的途径应当采取环境绿化、遮阳隔热和通风防潮的综合措施。具体来说，在建筑群的总体布局上应选择合理的房屋朝向，确定合适的房屋间距和布局的形式；在环境绿化中应当设置水池、喷泉，调节空气的温湿度；在建筑单体中应重视遮阳、隔热和自然通风，其中可考虑利用绿化和结合建筑构件来处理解决，如利用阳台、挑檐、凹廊等；建筑外表面可采用浅色粉刷或光滑的饰面，以减少结构表面对太阳辐射热的吸收；此外，通风屋顶、蓄水屋顶、植被屋顶、带阁楼层的坡屋顶等的形式都是可取的[②]。

可见，在吸收岭南传统建筑及夏昌世、陈伯齐等前辈建筑师的创作思想之后，岭南建筑师结合现实情况，逐渐发展出更具综合性的应对思维。值得指出的是，面对过度依赖技术而出现的能源耗损等新问题，他们也敏锐地观察并及时提出了改进的建议，如加强节能意识、充分利用风能、提高房间温度标准等。

综上所述，面对亚热带的特殊气候，岭南建筑师的最终理想并非仅仅是从技术层面达到降温防热的单一目的。营造适宜的人居环境，满足人们在生理和心理上的多重舒适感，形成可持续的发展循环，这才是适应亚热带气候的根本之路。如今，当初的建筑气候站已经由亚热带建筑研究室发展成为了亚热带建筑科学国家重点实验室，这一研究机构的成长，从一个侧面即可印证岭南建筑师对于亚热带气候的持续性、深入性探索。在这一传统的影响下，尽管现今的经济和技术与几十年前已不可同日而语，但秉承着这一精神的岭南建筑师仍然坚持寻求技术、环境、经济等各要素之间的整合和平衡。如在近期的一个岭南建筑师沙龙项目的创作构思中，设计者就试图探索亚热带地区的绿色建筑设计新思路，即通过对地域性和基地条件的适应，运用低建造成本和低运行成本的设计手段来实现适合我国亚热带地区的低成本绿色建筑[③]。

4.2.2 与岭南复杂多样的基地相适应

从大的地理环境而言，岭南地势北高南低、山脉连绵、河渠纵横、地形复

---

① 林其标.论岭南建筑人居环境的改善及建筑节能问题［A］.华南理工大学建筑学术丛书编辑委员会.华南理工大学建筑学术丛书——建筑学系教师论文集（上）（1932-1989）［C］.北京：中国建筑工业出版社，2002：160-161.

② 同上：161-162.

③ 汤朝晖，解志军，杨晓川.亚热带地区低成本实验性绿色建筑设计探索——华南理工大学建筑师沙龙［J］.南方建筑，2011（6）：86-88.

杂，形成了以山多、丘地多、河流多为显著特色的地形地貌。具体到基地环境，每一块基地除了具备自身独有的地势特色，其所在范围内的原有建筑以及树木、植被等其他存在要素，均可影响到建筑师的判断和创作思考。通过研读岭南建筑师关于基地的论述，可以将其归纳为"同构化""生长式"、对话与交流这三种主要的思维模式，展现出岭南建筑师面对基地的谦逊态度，以及力求达到与基地环境相协调的创作目标。

4.2.2.1 "同构化"思维

"同构化"意指通过采用相近或相似的形体、材料、色彩，相对淡化建筑的单体个性特征，使建筑形式与基地环境之间达到一致性。这是岭南建筑师在面对基地环境时较常采用的创作思维。

夏昌世在中山医学院基建委员会工程组的报告中记述到："1953 年三院校（中山、岭南、光华）进行合并，择定在今中山二路扩充改建。基建方面采用过渡性安排……在年度投入及时间的局限下，不可能也不适宜筹建综合性教学大楼。总平面布置采用分列式建筑，既便于分期兴建，亦能够及时完成应用；同时使用上机动性比较大……规划上已注意到各建筑间的有机联系，避免过度分散而造成的历史性的人力物力浪费。"[①] 在这一批项目中，生理生化楼是最先建造的一幢教学楼，由于它的位置和朝向均配合了原有建筑物与教学系统，因而它也决定了其后所有教学楼的方位。但生理生化楼面临着一个挑战，即复杂的基地形势——东段为向下的陡坡，高低差达到了 3m。对此，夏昌世认为"只得进一步利用地形做跌级，最大效率利用地形造成梯级式西段三层、东段四层的建筑体形"[②]。

通过阅读生理生化楼的立面图（图 4-8）可以更具体地了解到，为了顺应地势，该基地被划分为西高东低的两部分台地，生理生化楼以一字型平面横放在两个台地之上，其建筑主体共分 9 个开间，在第 4、5 个开间之间进行高差转换，东面的 5 个开间下沉 3m，从而在形体上呼应了自西向东的地势跌级，实现了与台地的咬合。在建筑外观上，其主体部分采用连续的洗石米窗台、灰沙粗石批荡套清水砖的横向墙面、横向线条的遮阳板，表现出强烈的水平感受，仅东侧的负一层未采用横向线条，而东侧的楼梯间立面则采用清水砖与灰沙粗石批荡套色拼出竖向感受，最终不仅将整座建筑物完全地融入了基地之中，还明确了建筑在该基地范围内的主体地位。

同样的手法还被运用到中山医学院第一附属医院的设计构思中："全院所

---

① 中山医学院基建委员会工程组.中山医学院教学楼［J］.建筑学报，1959（8）：26.

② 中山医学院基建委员会工程组.中山医学院教学楼［J］.建筑学报，1959(8)：28.

有建筑物都系利用自然地势来建筑。很多房屋在东西轴线上就有较大的起落。南北方面，则房屋顺地形高下安排，成阶梯状，因此每幢的标高不同，使房屋都获得良好的风向。这种处理方法，打破一般习惯，即对不平整的建筑基地不作'公式化'的削平，因而可以节省土方费用，集中提高使用上的要求，从而使这个建筑群活泼而富有生气"[①]。

a   b

图 4-8 中山医学院生理生化楼
a—模型；b—建筑落成照片
图片来源：在阳光下——夏昌世回顾展，2009.

　　岭南建筑创作中所面临的基地环境，可以小到一个地块，有时也可大到一座山体，如在肇庆鼎湖山教工疗养所的创作中，建筑师就遇到了这样的难题，尽管规模大小有所变化，但"同构化"的创作思维仍发挥了其积极作用。该项目是对山上原有的古寺庙进行改建，原寺庙位于鼎湖山的山兜之中，整体依山势跌级排布，一条山涧从场地东边穿过。从夏昌世的手绘草图中可以清晰地读出山势和建筑的走势（图 4-9）——休养所由 5 个部分组成，分别是庆喜堂、福善堂、新建休养房间、小平房和老堂。它们平行于山脊，依照山体的跌级，顺着山涧的走势，次第向下排列。连续的外廊、屋顶花架和屋脊线的横向线条与立柱统一的竖向开间，把散落的形体整合在统一坐标网格下，无论是建筑形体还是建筑外观，都与山体达到了融二为一的境界。

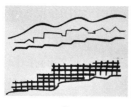  

a   b   c

图 4-9 鼎湖山教工休养所
a—草图；b—剖面图；c—模型
图片来源：在阳光下——夏昌世回顾展，2009.

---

① 夏昌世，钟锦文，林铁.中山医学院第一附属医院［J］.建筑学报，1957（5）：27.

多年以后，夏昌世当年唯一的研究生何镜堂也在桂林博物馆的创作中采用了类似的手法，来映衬基地优美的自然景象。在构思中何镜堂记录到："本设计充分利用了原有拆建场址，少伐以至不伐山林。建筑尽量靠近山脚，以背靠茂密的丛林，并使从公园入口及干道上的人流与建筑物之间有着足够的距离，从视觉上削减对后面山峦的遮挡。建筑物与山形之间比例更为贴切。建筑以二层为主。局部三层，前低后高，与山形顺势，林木掩映，并通过两个内庭来组织和划分不同的功能分区"①。从上述这段话可以读出多个层面的信息：一是建筑整体造型向原有地形靠拢；二是建筑高度尽可能地不遮挡各个角度的自然景色；三是建筑体量被"化整为零"为单元组合式布局。除此以外，高低错落的屋顶、绿色琉璃瓦屋面、仿麻石面砖的外墙材料，均共同营造出整座建筑有如融于绿树丛中而呈现时隐时现的效果（图4-10）。

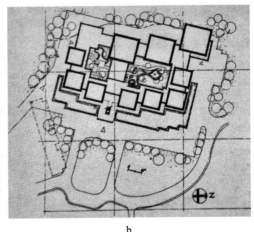

a
b

图 4-10　桂林博物馆

a—鸟瞰；b—平面图

图片来源：《当代中国建筑师 何镜堂》，中国建筑工业出版社，2000.

4.2.2.2　"生长式"思维

面对基地对建筑创作产生的制约与限制，岭南建筑师运用"同构化"的思维让建筑在基地中得以实现和存在，从形体上与自然融为一体。然而，许多时候，基地的状况并非仅仅是要求应对自然地势那么简单，原有建筑物的存在，不论是拆除、修缮还是与新建筑融为一体，都涉及旧建筑的重生问题。让建筑在基地环境中发展延续，从历史、现在到将来，不论是旧建筑的焕发新机，还是新建筑的发展延续，通过整合来促进建筑与基地环境的共同发展，是"生长

---

① 何镜堂，李绮霞.化整为零 融于山水——关于桂林博物馆的设计构思［J］.建筑学报，1991（8）：51-52.

式"思维路径的积极意义。此外，该思维方式另一个层面的意义还在于，通过建筑师个体对各个基地因素进行周密的策划，从而形成一个不仅只有"建筑框架"，还更具有"建筑意象"的场景，将人的影响渐渐融入其中，在时间的长河中生长出环境的潜质和人的情感。

黄婆洞度假村就是一个在原有建筑基础上改建的项目。佘畯南在设计构思中记录了该项目的背景："日寇入侵羊城时，在白云山麓黄婆洞建造 9 幢弹药库，每幢建筑面积为 7.7m×15m。厚石墙，坚实木屋架，双层瓦防热屋面，厚木地板。防潮与通风良好。1965 年，上级指示将弹药库改造为高级度假村"[①]。就地理位置而言，该弹药库坐落在山上水库之下，三面环山，东面是竹林丛生、蚊虫繁殖的低洼地，整个项目范围内地形起伏较大，基地要素较为复杂，相对于高级度假村而言它绝非是一块高质量的地块。然而，经过建筑师的精心构思，决定在下游挖地为湖、筑坝储水，再引上面水库的水穿堂入室，经客厅流入湖中，在青山碧水环绕的自然美景中修缮房舍，把原本脏乱的环境和破旧的弹药库改建成为具有山居情调的小别墅（图 4-11）。正是通过如此这般化不利因素为有利条件，使得原有的基地和建筑焕发了新的光彩，在水的流动中常驻生命力。

a

b

c

图 4-11　黄婆洞度假村

a—设计鸟瞰图；b—总平面；c—建筑实景照片

图片来源：《佘畯南选集》，中国建筑工业出版社，1997.

---

① 佘畯南 . 广州黄婆洞度假村 . 佘畯南选集［M］. 北京：中国建筑工业出版社，1997：121.

在另一座白云山中的建筑——山庄旅社的建筑创作中，莫伯治引发了同样的感慨。面对广狭不一、起伏较大的溪谷型"山林地"，莫伯治认为"这种多变的地形，对于园林建筑布局来说，绝不是一种障碍，而是构成某一种基调的有利基础"[①]。在实际的总体布局上，莫伯治按照地势起伏来决定院落的高低，从而形成了与坡地协调的台阶式建筑群体基调。在每一段台阶上，又按着溪谷地形的特点，向旁延伸上升，与溪谷地势贴切吻合（图4-12）。此外，莫伯治还对创作提出了更高的要求。莫伯治指出，与基地合宜"不仅求几何形体、色调、质感、位置关系等方面的协调，而且庭园的格调也要和自然环境协调一致"[②]。为此，他剔土露石，泉水泻石滩而下，客房倚石构筑，营造出富于"岩阿之致"的"听泉"景观；他沿溪种竹，溯山溪上行，渡小桥至松林杂树之下，临溪设松皮小亭，鸟声遥闻，创"竹里通幽，松寮隐僻"之意境。由顺应地势到基于地势的造景，由砖石泥土等无情之物的建构到松竹泉溪等审美之境的营造，岭南建筑师运用"化腐朽为神奇"般的智慧，真正体悟并实践了《园冶》中所说的："互相借资，宜亭斯亭，宜榭斯榭，不妨偏迳，顿置婉转，斯谓精而合宜者也。"

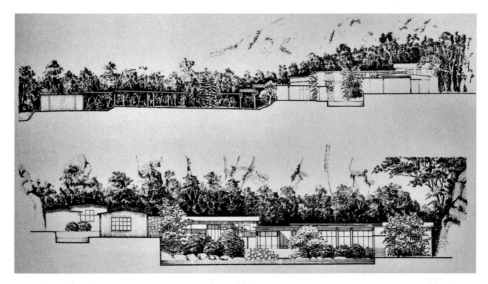

图 4-12　山庄旅社的剖面图

图片来源：《莫伯治集》，华南理工大学出版社，1994.

4.2.2.3　对话与交流思维

无论是"同构化"还是"生长式"思维，均是在基地的客观基础上顺势而

---

① 莫伯治.山庄旅舍庭园构图.莫伯治集［M］.广州：华南理工大学出版社，1994：186.

② 同上.

为，实现建筑与基地的匹配和融合。但并非所有的基地要素都能够与建筑融为一体。有的基地要素诸如树木，就成为建筑创作中极为棘手的问题，而这类问题的判断和抉择也正体现了建筑师价值观念之所在。珍视并挖掘这类基地要素的价值，让建筑与其进行对话和交流，而并非简单地、武断地将其作为障碍移除，这是绝大多数岭南建筑师所坚持的解决之道。

　　夏昌世在创作中就多次显示出对于树木植被的尊重。在中山医学院生理生化楼的草图和中山医学院解剖及生理生化园道及平土建坡坎施工图中可以看到，基地范围内原有一棵挺立的玉兰树，草图中其投射在建筑立面上的阴影足以显示其与建筑的紧密关联，但夏昌世并未采用移除树木的方案，而是在施工图中以感叹号强调：大树保存！（图 4-13）并利用梯级的地势，围绕大树专门构建了一个平台，为理性、冰冷的水泥建筑物增添了与之相呼应的生动风景。

 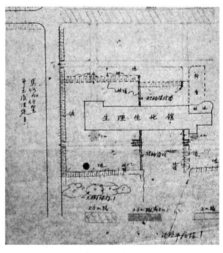

a　　　　　　　　　　　　　　　　b

图 4-13　中山医学院生理生化楼

a—设计草图；b—总平面草图

图片来源：在阳光下：夏昌世回顾展，2009.

　　华南工学院档案馆（华南理工大学二号楼）的创作同样也因树而变。据陆元鼎回忆，档案馆的位置原本定于华南工学院东湖以南的半山公园台地上，但当时规划的位置范围内有 8 棵榕树，为了保住这些榕树，夏昌世决定将建筑移到基地平台北端等高线最密集的地方，使之成了坡地建筑，并在设计草图中还特意标示出建筑与榕树相距 8m 的信息（图 4-14）。可以说，正是因为这些树的存在，夏昌世为其改变了设计方案，并加大了设计难度。直到今天，这座建筑仍然北望东湖水景，南被八棵榕树环绕包围，体现出建筑与自然基地平等对话、和谐共处的谦逊姿态。

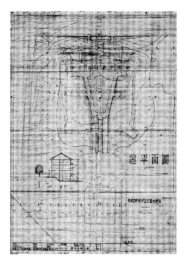

图 4-14   华南工学院档案馆设计平面图中标示的建筑与树的关系
图片来源：华工档案馆

　　此后在白云宾馆的创作中，原基地上的大榕树也被保留并成为建筑风景中的一个部分。通过阅读莫伯治设计草图可以看出（图 4-15）：在原基地中，大榕树位于高位处，树的主干底部高出建筑设计地台 4～5m，形成了一个天然的高台，而整个树冠则高达 9 层楼高，非常壮观。面对此情况，当时的设计小组决定尊重建设用地原地形的特点，在宾馆的规划过程中保留建筑用地南部的高地以及基地内的 3 棵榕树，将主楼布置在基地的西北角，东南面设车廊、门厅、休息厅、服务台和餐厅等附属楼，从而将高地和榕树包围其中，形成一个庭院空间，并在庭院中设计山石叠水，一个由古木、岩石、瀑布、廊桥等元素共同构成的中庭应运而生。值得指出的是，这一自然、朴实、富有野趣的中庭，不仅打破了当时宾馆设计中只满足食宿功能的单一格局，而且还成了隔离道路喧嚣的天然屏障，保证了宾馆内部雅静、舒适的环境[1]。可以说，由几棵树所引发的设计构思，不仅形成了基地与建筑的和谐相处，还促进了人、树、建筑之间的相互交流。

图 4-15   白云宾馆中庭保留的大树
图片来源：《岭南近现代优秀建筑 1949-1990》，中国建筑工业出版社，2010.

①　石安海 主编. 岭南近现代优秀建筑·1949-1990 卷［M］. 北京：中国建筑工业出版社，2010：242-251.

4.2.3　重视创作的经济合理性

　　建筑创作是一项将功能、环境、施工、艺术、经济等各方面高度综合的活动，经济性是建筑作为物质实体的一个重要属性。轻而言之，经济的合理性影响建筑造价的高低和资源的浪费与否；重而言之，经济的合理性则关系到一个建筑最终能否实现，这不仅仅是建筑师个体的愿望所在，更是涉及一个社会的需求和责任。现代主义建筑大师勒·柯布西耶（Le Corbusier）就曾在《走向新建筑》中提出，现代建筑师肩膀上担负着强烈的社会责任，而这种以建筑行为改善社会状况的理想最直观地表现在了对建筑经济合理性的重视上。与之持着相似的观点，无论是阿道夫·路斯（Adolf Loos）"装饰就是罪恶"的激进主张，或是沃尔特·格罗皮乌斯（Walter Gropius）一系列低造价的住宅实践，从根本而言都是围绕着建造成本展开。更为具体地来说，对功能主义、标准化、规模效应的重视，对轻型技术、现代合成材料和标准模数制部件的偏爱，对纯粹性、匀质化形式的追求，都反映了现代主义建筑的经济理解与经济表达。尽管现代主义建筑的流派与主张众多，但几乎所有的流派风格都具有这一共同特征——经济理性的创作态度。

　　现代主义建筑传入岭南，时值中国社会剧烈转型。文化上的中西之争，经济上的萎靡不振，从客观上提供了催生现代主义建筑的土壤，无论在政治层面还是经济层面，现代主义建筑的经济性优势都被发挥得淋漓尽致。但外因并非是决定事物发生发展的根本因素，只有内在的主动寻求，才会带来根本性的变化。从岭南建筑师的著述和手稿中可以看到，"减法"、循环利用、"以低造价追求高质量"是他们实现创作的经济合理性最主要的三种策略方式。

4.2.3.1　"减法"思维

　　现代主义建筑思想传入岭南之时，"中国固有式"建筑形式的探索正占据着国内创作的主导地位。回顾那段历史，中国近代史研究学者杨秉德认为，以南京中山陵和广州中山纪念堂为代表的"固有式建筑"都是政府支持的官方建筑，它们是中国近代建筑史时期的一座丰碑，却不是一座里程碑，它们的成就是建立在建筑师个人才华高水平发挥与政府行为全力支持的基础之上，是在特定社会条件下产生的特殊建筑作品，并不能代表当时中国近代建筑发展的普遍水平与发展趋势[①]。对于"中国固有式"形式的缺憾，有学者更一针见血地指出："其主要矛盾集中在实用性与建筑造价两方面，尤其是后者，已成切肤之痛"[②]。认识到复杂且无实际功能的形式所造成的巨大经济代价问题，一些曾经

---

① 杨秉德.关于中国近代建筑史时期民族形式建筑探索历程的整体研究［J］.新建筑，2005（1）：50.

② 彭长歆.岭南建筑的近代化历程研究［D］.广州：华南理工大学，2004：249.

参与过"固有式建筑"创作和建造的岭南建筑师开始不断反思，还有一些并未
参与但具有以史为鉴意识的岭南建筑师也不断思考对策，两者都悄然落实在了
"减法"式思维的改良与改革的努力中。

由于先后作为中山纪念堂、中山图书馆、广州市府合署的工程总顾问和总
设计师，林克明对建筑的经济性深有体会。他在多年以后反思到："中国传统
建筑以木结构作为承重体系，其平面、立面和各种构件的设计与木结构的特点
是非常协调的，譬如屋顶的挑檐需用层层挑出的斗拱支承，因而，屋檐结构相
当复杂。中山纪念堂和市府合署的结构都采用钢筋混凝土结构，但在檐口部位
仍用层叠的仿木斗拱构件，造成不必要的浪费，也增加了施工的难度"[①]。显然
他已认识到建筑与时代、形式与技术之间所应具有的同步关系，如果人为地
背离社会生产力发展水平而追求形式上的仿古，不去充分利用新建筑材料的特
性，将无助于建筑形式的创新，并造成经济上的巨大浪费。基于此认识，林克
明在后来承担的中山大学第二期教学楼设计工作中，就有意作了改进，"如法
学院教学楼、理学院四座教学楼和农学院两座教学楼都采用了简化仿木结构形
式，取消了檐下斗栱而代之用简洁的仿木挑檐构件，使得这些教学楼既稳重恢
宏又简洁大方，同时节省了材料，加快了施工进度"[②]。在广东省科学馆的创作
中，林克明也力求跳出传统宫殿式建筑建造程式的窠臼，将重点放在经济条件
和环境条件，通过采用坡屋顶与平屋顶结合的方式，并大胆采用新材料以简化
传统建筑构件，一方面将造价降低到 110 元 /m²，另一方面实现了科学馆与中
山纪念堂、市府合署等周围建筑和谐共处的景象。

新中国成立后，国内兴起了大规模的建设，在"社会主义内容、民族形
式"口号的倡导下，"大屋顶"思潮再次蔚然成风。事实上，当时整个世界范
围内都由于二战的结束而面临着大规模的重建，战争的巨大损失使得各国都
不得不将经济性置于建设的首位，注重功能、预算、材料、批量化、工业化的
现代主义建筑，自然成为最符合社会需求的建筑类型。中国出现的"大屋顶"
思潮显然与社会、时代和现实脱节。与此同时，受意识形态束缚较少的岭南建
筑师始终坚持自我对于建筑的认知，在强大的政治压力下，运用灵活变通的思
维，以简化、抽象等手法创作出既有民族特色，又能满足功能、符合经济要求
的现代建筑。

当时由夏昌世设计的华南工学院档案馆（华南理工大学二号楼）为校园中
轴线上的第一栋建筑物，正对着孙中山铜像，在 1950 年代"大屋顶"思潮的
影响下，它的形式被要求为中国传统建筑风格。在此情形下，夏昌世并未随波

---

① 林克明.建筑教育、建筑创作实践六十二年［J］.南方建筑，1995（2）：47.

② 同上：48.

逐流，从其设计手稿和现存的建筑实物来看，他仅在中间部分采用大屋顶形式，并改清式大坡屋顶为宋式稍平一些的坡屋顶（图 4-16），还使用民居中的灰色挂瓦代替传统官式建筑的琉璃瓦，以降低造价，两翼只设挑檐的平屋顶露台；在细节上，他用壁柱代替大圆柱，用一斗两升斗拱放在入口门廊额枋上，在窗下墙面使用孖菱形符号作装饰，在两翼的平台护栏——即女儿墙面的位置，设计了清水砖砌凹凸花纹的装饰和洗石米的压顶，以求和中部的传统样式取得协调。整座建筑通过采用中国传统建筑的某些构件或符号，达到具有民族风味的要求。还值得提出的是，在华南工学院图书馆的设计中，夏昌世大胆推翻了原有的中国固有式建筑样式，而是采用现代建筑形式，既满足了建筑在功能上的需求，也未超出当时的造价标准（图 4-17）。

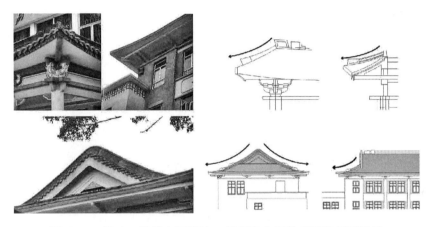

图 4-16　华工二号楼中更简洁、轻巧的中国传统风格屋顶设计
图片来源：在阳光下——夏昌世回顾展，2009.

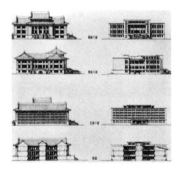

a　　　　　　　b　　　　　　　　　　　　c
图 4-17　华南工学院图书馆两个方案对比
a—国立中山大学时期设计的古典式建筑方案；b—华南工学院时期设计的现代建筑方案；
c—建成后的华南工学院图书馆
图片来源：《岭南近现代优秀建筑 1949-1990》，中国建筑工业出版社，2010.

除了在形式上，岭南建筑师还从建筑的体量、结构、平面等多个方面探索通过"减法"实现经济合理性。譬如在广州友谊剧院的设计中，除了观众厅、舞台因功能需要做成大空间，采用大跨度结构以外，前厅与后台等次要部分的面积都尽量压缩，以减小跨度，采用一般结构或简易结构。由于体量压缩，前厅部分的面积并不大，两座主梯采用对称式布局并不适宜，因此建筑师把主梯作为前厅中的一个小品设置在大厅之右端，这样既不削弱前厅建筑空间的整体性，又实现了前厅功能的复合化，使它既是进入观众厅的序幕，又是中场休息的场地，还利用敞开的园林空间，与前厅连为一体供观众休息。在建筑高度上，建筑师根据观众厅视线坡度的测试，把第一排座位和最后一排座位的地面标高高差减为 2.00m，这样楼座的楼面标高相应地降低，其坡度也随之而放缓，观众厅的净高亦由原来的 13m 降为 11m。由于观众厅高度的下降，整个剧院建筑的高度也就降下来了，节省建筑体积 30% 左右。通过诸多方面的缩减，剧院建成后最终结算土建工程费 80.7 万元，125 元 /m²，总投资 180 万元，平均每个座位 1100 元（图 4-18），在当时的同类剧院中造价最低[1]，充分体现了岭南建筑师务实、求效的价值理念。

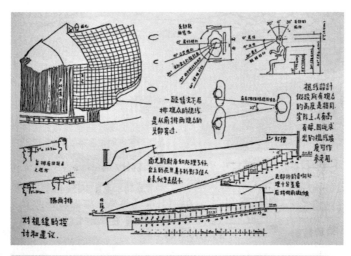

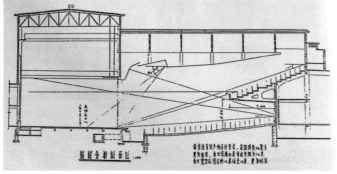

图 4-18　友谊剧院根据视线降低层高的分析图

图片来源：《佘畯南选集》，中国建筑工业出版社，1997.

---

① 佘畯南 . 低造价能否做出高质量的设计 [J] . 建筑学报，1980（3）：17-18.

白天鹅宾馆的创作同样如此，尽管得到了爱国企业家霍英东的资助，但建筑师仍必须精打细算。经过反复的比较和测试，白天鹅宾馆最终采用了"腰鼓形"平面，因为这样每层能够安排客房 40 间，与"折板形"平面每层只容纳 30 多间客房相比，建筑的主楼可以减少 6 层（图 4-19）。另一个重要的方法就是降低层高，但降低层高并非易事，需要建筑、结构和设备设计的相互配合。通过参考白云宾馆的结构设计经验，结构工程师采用了现浇剪力墙和大板楼盖的结构方案。剪力墙沿纵横两方向分别布置，横向相距 8m 设置一道，纵向沿走道、电梯间和服务间布置；剪力墙厚度从 35cm 开始由下往上递减至 20cm，分 4 个截面，每段截面厚度相差 5cm。这种承重结构使梁消失，而且与酒店客房的分隔相一致。在楼盖结构的选型上采用了 8m×8m、厚 20cm 的大板楼盖体系，板内预埋设备管道，大大减小了板下设备占用的高度。与此同时，客房空调设备采用一次新风双管垂直柱式风机盘管系统，风管和冷热水管垂直敷设，机组立于房内过道地面，只在衣柜上部有水平风管，大大减少了水平管道，而且可避免室内天花出现冷凝水。该空调系统的运用，使得标准层高从 3m 降到 2.8m，因此也使土建和装修费用降低 6.67%。通过各方面的协调和配合，白天鹅宾馆比当时同类型的宾馆少了 1/3 的投资[①]。

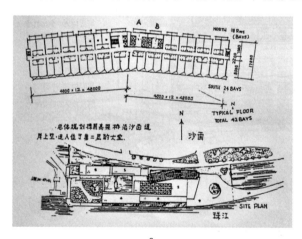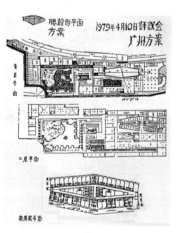

图 4-19　白天鹅宾馆设计方案对比

a—原折板形方案；b—后调整的腰鼓形方案

图片来源：《佘畯南选集》，中国建筑工业出版社，1997.

4.2.3.2　循环利用思维

节省造价并非只有"减法"思维这一条路径，善于从旧材料中发现价值，并恰如其分地运用在新建筑中，同样也是岭南建筑师的智慧所在。

夏昌世就曾在肇庆鼎湖教工休养所的施工中循环利用了原有古建筑的构件。

① 黄汉炎，朱秉恒，叶富康. 广州白天鹅宾馆结构设计［J］. 工程力学，1985（03）：150-173.

该项目设计于 1954 年，正值国内经济最困难时期，因此项目投资控制在 11.8 万元以内，并在 10 个月内完工。为了能在如此短的时间内、如此低的造价控制下顺利完成任务，夏昌世通过分析，将其可回收利用的部分继续使用，譬如将危楼拆下的旧梁柱全部整理加以利用在新建筑的楼梯和扶手上；将拆卸旧建筑留下的可用的石料重新利用成为混凝土的骨料，以节约从山下运上的运输费用，最终整个工程的土建费仅为 9 万多元，运输费占了 3 万元，每平方米的造价低至 45 元（包括水电）。除了精打细算以外，建筑师还根据整个工程的施工情况进行随机灵活的调节，例如钢筋缺乏的时候，就采用竹筋代替（图 4-20）；缺水泥的时候，就改用钢筋砖楼面做法等措施。如此即能做到既节省造价，又不拖延工期[①]。可以看到，在当时的设计、施工过程中，建筑的形式已成为一个次要因素，建筑师真正关注的是在有限的投资范畴内，如何因地制宜运用新的建造技术与本地的材料，创造一个能够应对气候和经济的建筑。在这里，材料不是一个外在形式的表达，而是传统技术的一次再生和建造条件的真实反映。

图 4-20   竹筋混凝土施工

图片来源：在阳光下：夏昌世回顾展，2009.

莫伯治同样重视建筑造价的控制。他在平日工作之余，就常常穿街过巷寻找散落在民间的旧民居部件，包括门、窗、隔断等。收集回来之后，通过整理、清洗、打磨，又可再次使用在新建筑上面。如他在早期所创作的三大园林酒家的室内装修中，就采用了这些具有岭南特色的构件，装饰为花罩、横披、企样、屏门等（图 4-21）。通过巧妙的重新组合，不仅使这些旧建筑构件焕发出新的光彩，还继承与发展了岭南建筑的传统之风。在此后创作的岭南画派纪念馆中，其门廊为古典圆柱顶着的一个白色螺旋壳体，壳体表面色彩斑斓的效果并非昂贵材料所做，而是由大小、形状各异的白瓷碗碎片贴合而成，颇具新意（图 4-22）。在矿泉别墅中，他用蚝壳做"明瓦天窗"，可以开合拉动；在支柱层的檐口处下挂由当地的小竹竿编排而成的百叶作为遮阳构件（图 4-23）；在室外庭园中用小竹竿扎成天花板，十分别致。而白天鹅宾馆大厅三楼的玉堂春暖厅对面的一列屏风便

① 夏昌世.鼎湖山教工休养所建筑纪要［J］.建筑学报，1956（9）：46-47.

是莫伯治在民间搜集中以每扇 2 元钱买到的。这一系列朴实素雅的材料不仅是建筑师主动对历史、文化的珍视，也是那个时代社会经济状况的一个反映。

图 4-21　北园酒家　图 4-22　岭南画派纪念馆　　　图 4-23　矿泉别墅

图 4-21～图 4-23 来源：《莫伯治集》，华南理工大学出版社，1994.

4.2.3.3　"以低造价追求高质量"思维

由于经济条件的束缚，岭南建筑师在节省造价上下了很大功夫。但在建筑结构、体量、平面、构件等各个部位的缩减并不等同于建筑质量和建筑品位的降低，岭南建筑师在严苛的经济条件下始终不忘建筑的品质，期冀以低造价也能实现高质量的建筑。

佘畯南在谈到广州友谊剧院的设计构思时，首先就批判了铺张浪费的创作观念："有些人认为大型民用建筑投资越多越好，标准越高越好，材料越名贵越好。他们片面强调大型民用建筑的特殊性，说'要好就不能省，要多就不能快'。又说'大型民用建筑投资不好掌握预算'等。总之，当时大型民用建筑设计存在的问题是：抄袭多、创新少；浪费大、质量低；进度慢、效果差"[1]。为此，他提出了一个设想——"低造价能否做出高质量的设计？"[2]。在他领衔设计的友谊剧院中，就针对建筑材料的使用提出了"高材精用，中材高用，低材广用，废材利用，就地取材"的指导原则（图 4-24）。在具体操作中，建筑师运用普通与重点相结合的装修手法，以普通衬托和突出重点：他们在人们常到的地方用较好的材料，在人们少到的空间用次要的材料；在远看的部位采用较次的材料，在人们近旁的部位使用好的材料。譬如整个剧院建筑中，除前厅四根柱子和正门的三个门框镶贴大理石，其他墙面和柱面都用一般材料；地面上，水磨石被作为高级材料使用，而诸如观众厅、外走廊等普通空间则采用水泥地面；天花上，观众厅采用价廉物美的纤维板；墙面上，除了在入口大厅采用当时十分高级的马赛克图案贴

---

① 佘畯南 . 低造价能否做出高质量的设计？——谈广州友谊剧院设计 [J] . 建筑学报，1980（3）：16.

② 同上 .

画，其余外墙采用石矿场的废料石粉来代替水刷石饰面。由此，达到了"应高则高，该低则低，高中有低，高低结合"的效果，既降低了造价，又精心地处理了建筑细部节点。通过这一项目实践，岭南建筑师切身体会到："花钱多不一定能创造出好的作品，而好的设计应是花钱少效果好的设计"[①]。

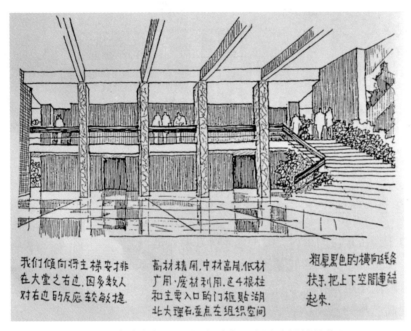

图 4-24　佘畯南标注的友谊剧院室内设计材料的分配
图片来源：《佘畯南选集》，中国建筑工业出版社，1997.

莫伯治也善于运用普通建筑材料来创作出高品位的建筑。如白云山山庄旅社的外墙就采用冰纹砌石和白色粉墙来处理，天花材料用原色水泥；双溪别墅中部厅的三面墙是普通石灰墙，以简易的木门围蔽，一面为山之陡壁，这两个作品均用常见的低成本材料来突出山居建筑粗犷、简朴、清新的质感。而在博物馆类的文化建筑中，他又喜用红砂岩这一价格便宜、色彩鲜明且庄重的地域性材料，如西汉南越王墓博物馆、澳门新竹苑、广州地铁控制中心、广州艺术博物馆等作品，通过将红砂岩结合钢、玻璃、雕塑等元素的共同运用，构成了虚实对比、色彩对比，使文化建筑达到典雅又不见烦琐、高贵又不流于俗套的境界。

4.3　技术理性：功能现实主义创作思想特征

技术理性是人类理性的一种特殊形式，它以追求科学合理性、技术可行性、物质功能性、效用最大化等为基本特征，但同时削弱了人的情感、理想等

---

① 佘畯南．低造价能否做出高质量的设计？——谈广州友谊剧院设计［J］．建筑学报，1980（3）：17．

方面的精神追求，也因此受到了以法兰克福学派为代表的强烈批判。

针对岭南建筑学派在功能现实主义阶段的创作思想探索，有学者提出，其对功能实用性、技术适应性、经济合理性的重视，表现出明显的技术理性特征[①]。但同时，该学者也指出："他们绝不是简单的技术至上主义，相反，服务于普通民众的价值理性也是其突出的特点"[②]。因此，我们并不能说岭南建筑学派在功能现实主义阶段的创作思想探索仅仅表现为技术理性的特点。

但不可否认的是，当时的社会背景正处于建国初期，技术、经济、材料、人工的短缺和匮乏以及广大民众的迫切需求，使得岭南建筑师从理性上必须确定实效、快速、经济的目标，客观地表现出以"技术理性"为主的突出特点。

4.3.1　建筑是立足于技术之上的功能系统体

技术是建筑构成的必要因素，在此无需赘言。在功能现实主义创作思想探索中，技术被提到创作的首要因素，因为技术涉及功能的满足、问题的解决、低造价限制下建筑的落成。

但技术并不等同于创作思想的全部。在立足于技术的基本考量上，功能、结构、材料、经济以及传统等皆被岭南建筑师视为不可或缺的要素，它们共同形成一个类似分子结构的系统体，支撑起建筑创作的全过程和整个建筑体。在面对不同的项目状况时，该系统体在运用上会有所侧重和偏向，但其结构的整体性和连贯性则保持不变。例如在夏昌世的创作中，时而以适应气候为主，时而以适应基地为主，时而以应对经济为主，但无可改变的是在每一个作品的构思中，没有任何一环要素被他遗忘。正像肇庆鼎湖山教工疗养所的创作，在解决建筑与山体坡度关系的基础上，气候、原有建筑、经济、材料等诸多限制条件也都被其一一破解，最终以极低的造价实现了功能的满足，并呈现出一个非"平淡乏味"的建筑形象，体现了建筑的真实性，鲜明地表达了时代特征。

4.3.2　运用技术实现建筑与环境的相互协调

在岭南建筑师看来，建筑不是孤立的，除了建筑单体内部的功能，他们还关注建筑单体与周边的关联，通过一种流通式的循环交往，在相互影响中形成有机整体。

从适应基地的"同构化"模式，到"生长式"模式和对立与交流的模式，

---

① 刘宇波.回归本源——回顾早期岭南建筑学派的理论与实践［J］.建筑学报.2009（10）：29-32.

② 同上：31.

岭南建筑师都表现出对基地的极大尊重。在与场地的遥相呼应中，将其技术能力扩展至对山、石、水、植物等环境要素的运用，由此，建筑得以作为一个融于环境的生命体，在一个连续不断的生长及发展进化中，生生不息，这一特点正好与当时美国建筑大师弗兰克·劳埃德·赖特的"有机建筑观"不谋而合。但是，相较于弗兰克·劳埃德·赖特较为宽松和自由的创作环境，岭南建筑师在当时严苛的社会和经济状况之下的探索，更加不易。

4.3.3　注重实现建筑高质高效的技术策略性

仅仅将建筑设计停留在图纸上，并不符合务实的岭南建筑师的理念。唯有面对现实，在现实中发现问题，不断思索和寻求解决问题的办法，最终实现建筑物的落成，才是岭南建筑师所认同的责任和担当。如何在当时国内紧张的经济条件下实现建筑的完成是一个极大的难题，更何况还要面对诸多额外的要求。为此，岭南建筑师积极思索，尽可能利用低技术或是新技术，灵活地采用多种手法，在极为严格的经济限制下圆满甚至超额完成了任务。例如在新爱群大厦的建设中，原本中央拨款的三百万元仅用于维修旧爱群大厦，但在岭南建筑师的才智下，采用框架剪力墙系统结构，既减少了钢材用量、节约了投资、缩短了工期，还与原有旧楼相协调，用这笔钱扩建了一座新爱群大厦（图4-25），赢得了中央领导的赞誉[1]。足以体现岭南建筑师对于策略的重视以及善于变通的思维模式。

图4-25　爱群大厦及其扩建工程

图片来源：《岭南近现代优秀建筑1949-1990》，中国建筑工业出版社，2010.

---

[1]　曾生.曾生回忆录［M］.北京：解放军出版社，1991：652.

不得不指出的是，尽管展开功能现实主义创作思想探索的最直接原因是当时特殊的社会环境，但对于岭南建筑师来说，功能始终是其创作的首要出发点，这正涉及现代主义建筑与古典主义建筑之间的分歧之一，即功能与形式的关系。林克明的一段表述可以代表诸多岭南建筑师的创作倾向："研究建筑创作，首先要从内容谈起。在建筑创作中，功能、结构和艺术造型是辩证的统一……功能和结构在很大程度上往往会影响造型……造型必须体现功能使用的性格特点和结构方法……由此可见，建筑创作是在此时此地的社会、经济和技术等多种条件下，从现实出发、从建筑功能要求出发，选择相应的材料和结构作出最经济的方案，同时要注意造型艺术的要求。如果脱离建筑的功能要求和结构条件，片面追求建筑造型和建筑艺术，则很难做出良好的设计方案"[1]。尽管同期其他岭南建筑师鲜有如此清晰而明确地谈论功能与形式之关系的文字，但从其字里行间与创作构思中都无一不在表达着对于重视功能的坚持和追求。

当然，归根结底，以"技术理性"为突出特点的功能现实主义创作思想的最大贡献在于：它应用科学方法来解决创作中的一系列问题，为岭南建筑创作由传统的经验式传承和手工式营造转向现代建筑科技型的建构铺平了道路。

4.4　本章小结

本章是对岭南建筑学派创作思想展开论述的第一个部分，在该阶段由于其创作思想集中关注于建筑功能，因此以功能现实主义为题进行深入分析（图 4-26）。

图 4-26　功能现实主义创作思想研究框架
图片来源：作者自绘

首先，交代了功能现实主义创作思想形成和发展的重要背景，分别是整个国家百废待兴的社会局面，以及岭南建筑学派内部现代主义建筑力量的回归和

---

① 林克明. 建筑教育、建筑创作实践六十二年 [J]. 建筑学报，1995（2）：49-50.

凝聚。在延续先期现代主义传播的基础上，发展出以实用理性的教育理念、注重实践的教育方式、变通革新的教育精神为典型特征的教育阵地，从价值观、思维方式、实践手法等方面为此后的现实主义探索打下了坚实基础。

其次，集中论述了功能现实主义创作思想内涵。认为在与岭南亚热带气候相适应方面，发展出借鉴传统建筑、运用现代科学技术、整合多类相关要素的三种思维路径；在与岭南复杂多样的建筑基地相适应方面，发展出"同构化"、"生长式"、对话与交流这三种思维路径；在创作的经济合理性方面，发展出运用"减法"、循环利用、"以低造价追求高质量"这三种思维路径。

最后，本章认为其功能现实主义创作思想表现为突出的技术理性特征，即视建筑为立足于技术之上的功能系统体；重视运用技术来实现建筑与环境的相互协调；注重建筑实现的技术策略性。同时也指出，"技术理性"的特点是相对于当时的客观条件而言，它并非简单地等同于技术至上，也非岭南建筑学派功能现实主义创作思想的全部。但是，对于技术与功能的重视却始终是岭南建筑师的重要思想之一，它从根本上将岭南建筑创作引导上了科学化的道路。

第5章　地域现实主义创作思想探索

在发展出多种应对气候、基地、经济等客观条件的适应性策略之后，岭南建筑师对创作提出了更高要求。如何打破现代建筑千篇一律的形式，创作出富有地域文化特色，且满足岭南人民生活习惯和审美需求的建筑，这成为岭南建筑学派创作思想的又一重要议题。同时，作为中国南方对外交流的窗口，岭南建筑自然肩负着展现地域精神和民族气节的重任，岭南建筑师也借此获得了相对自由的创作空间。正是在这内外动力的共同驱使下，岭南建筑学派开始了地域现实主义创作思想的探索。

5.1 时代背景：关于"建筑风格"的热论

尽管岭南建筑学派创作思想的地域性探索可视为现代建筑在全球各地发展中的一脉支流，但是，由于特殊的政治环境和社会状况，将其放在国内背景下进行内外因素的分析和研究，更符合实际情况。

5.1.1 "社会主义内容，民族形式"的集体探寻

随着第一个五年计划开始，中国建筑界开始了对有中国特色的现代建筑的探索之路。据相关学者回忆，当时建筑事业刚刚开始，还不懂得怎样创作，所以有些建筑师提倡模仿西方的建筑，但是在1953年华沙的波兰建筑师协会会议之后，"结构主义"被认定为资本主义思想在建筑领域的反映而受到批判，因此，提出了要学习苏联的口号[①]，其中"社会主义现实主义创作方法""反对世界主义、结构主义、形式主义"和"社会主义内容，民族形式"作为三个最主要的口号，对新中国的建筑活动产生了巨大影响。然而，在探索"社会主义现实主义创作方法"和"社会主义内容，民族形式"的初期，许多建筑师都存在着极大的困惑："什么是社会主义现实主义呢？我想我们现在还拿不出一套完整的规格和标准，但我们绝不能因此而踌躇不前。新中国的建筑师和工程师应该朝气蓬勃地、勇于负责地、在新的革命的精神下大胆地去摸索创造"[②]。

---

① 袁镜身.回顾三十年建筑思想发展的里程[J].建筑学报，1984（6）：63.
② 张稼夫.在中国建筑学会成立大会上的讲话[J].建筑学报，1954（1）：2-3.

作为我国建筑学界的权威，梁思成率先研究和阐述了建筑的思想性问题。在 1953 年中国建筑学会第一次代表大会上，他作了《建筑艺术中社会主义现实主义的问题》的专题报告，其中提出两个主要观点：一是强调"新建筑当然应该是产生于我们的民族文化中，具有民族形式和社会主义内容"[①]；二是"建筑既然是艺术，那它就必然是有阶级性、有党性的"[②]，并以社会主义现实主义的名义对"反民族、反传统的光秃秃方匣子"的现代主义建筑进行了猛烈的批判。而后，他又基于对中国古典建筑的深厚研究积累，为民族形式的建筑探索道路。在《中国建筑的特征》中，梁思成将中国建筑归纳为九大特征[③]，特别指出"屋顶"在中国建筑中所占据的重要位置，并提出建筑的"文法"和"词汇"概念，试图回答什么是民族形式以及怎么创造民族形式的问题。在《祖国的建筑》一文中，梁思成把对民族形式的意见具体化了，以两张想象中的建筑图作为探索民族形式的一种尝试，最终想要论证其两个观点：第一，无论房屋大小、层次高低，都可以用我们传统的形式和"文法"处理；第二，民族形式的取得首先在建筑群和建筑物的总轮廓，其次在墙面和门窗等部分的比例和韵律，花纹装饰只是其中次要的因素[④]。由于梁思成先生在中国建筑界享有的威望，他对中国建筑发展方向的设想、他的"文法"和"词汇"理论对当时的中国建筑界产生了巨大影响。

1954 年，第一本全国性的建筑刊物《建筑学报》创刊，其发刊词中写道："本学报以行动来响应毛主席所提出学习苏联的号召，以介绍苏联在城市建设和建筑的先进经验为首要任务。……在新中国的民族形式，社会主义内容的建筑创造过程中，学习遗产是一个重要环节，因为中国的新建筑必然是从中国的旧建筑发展而来的。在这一点上，我们要学习苏联各民族的建筑师创造性地运用遗产的观点和方法"[⑤]。从当年发行的两期刊物中可以看到，关于中国传统建筑的研究以及对苏联建筑理论的引入确实占到了最大比例的两个部分。

1959 年，随着国庆工程设计与施工的落幕，再次引发了关于艺术问题的种种争论，普遍认为有必要在创作实践的基础上进行理论总结和提升。为此，建筑工程部和中国建筑学会在上海联合召开了建筑艺术座谈会，从"适用、经

---

① 梁思成.建筑艺术中社会主义现实主义和民族遗产的学习与运用的问题.梁思成.梁思成全集（五）[M].北京：中国建筑工业出版社，2001：185-196.

② 同上.

③ 梁思成归纳的中国建筑基本特征分别是：1.台基、屋身、屋顶的三段式组合；2.中轴对称的平面布局；3.木结构体系；4.斗拱的运用；5.举折、举架的运用；6.屋顶的重要地位；7.以朱红为主要颜色；8.木构件露出并成为装饰；9.大量使用琉璃瓦和各色油漆。详见：梁思成.中国建筑的特征[J].建筑学报，1954（1）：36-39.

④ 梁思成.祖国的建筑.梁思成.梁思成文集（四）[M].北京：中国建筑工业出版社，1986：104-158.

⑤ 发刊词[J].建筑学报，1954（1）.

济、在可能条件下注意美观"的方针、关于新中国建筑艺术的发展方向、关于继承与革新、关于建筑形式与建筑美这四个方面展开学术讨论。最后，由时任建筑工程部部长刘秀峰作了题为《创造中国的社会主义的建筑新风格》的总结报告。由于此次会议带有官方或半官方性质，因而对于统一和提升建筑界思想水平，推动建筑理论研究的开展，起到了巨大的作用。会后，各地的代表回到地方纷纷展开如何创造"中国的社会主义的建筑新风格"的讨论，广大民众也积极地参与其中，学术气氛大大活跃起来，形成了新中国建筑思想史上第一个全民性的理论探索高潮。

　　总体来看，国内建筑界在 1980 年代以前经历了"社会主义现实主义创作原则"口号、"社会主义内容、民族形式"探索、反浪费运动、国庆工程、"创造中国的社会主义的建筑新风格"热潮、"文革"动乱中的急剧"左倾"等诸多事件，伴随着事件的发生，建筑思潮迂回曲折、陡起陡落，但建筑的阶级性、民族性作为一条基本线索始终限定着建筑思想的本质特征。但另一方面，在关于创作问题的讨论中，仍不时可以听到一些呼吁更新建筑观念、突破现有思想屏障的建议，这条一直被批判、忽视、压抑、排斥的思想线索，显然在探求着另外一条建筑发展道路。

5.1.2　展开"南方建筑风格"的理论探讨

　　多次参与全国有关"建筑风格"的会议之后，岭南地区也积极响应号召，在广东省建筑学会的带领下，组织开展了连续 7 次的"南方建筑风格"座谈会，先后共有建筑工程界和高等院校师生 300 多人参会，足以见其影响之广泛。从该会议的综述可以看到，"南方建筑风格"座谈会主要从两个方面展开讨论，一是对于"建筑风格"的基本认识；二是探索南方建筑风格的问题。

　　在"建筑风格"的基本问题上，与会者就"建筑风格"的概念内涵、建筑创作是否有个人风格、建筑风格的决定性因素、传统与革新的关系等议题展开了论争。有学者认为"反映当时的社会制度、时代的精神面貌、社会需要、社会意识、民族传统、民族特点和当时的科学文化发展水平等方面的总和"[1]的建筑特征概括可称之为"大风格"，"反映地区特点……或反映创作者一定的世界观、创作方法、创作技巧的某些具体建筑或建筑群，通过形式所表达的思想和内容的明显特征"[2]可称之为"小风格"。对于两者的关系，有学者认为"小风格"包含在"大风格"之内，它并非独树一帜，而是"大风格"的一个部分或是"大风格"的补充。更进一步，学者们还谈到了建筑创作的个人风格

① 林克明.关于建筑风格的几个问题——在"南方建筑风格"座谈会上的综合发言［J］.建筑学报，1961（8）：1.
② 同上.

问题。有人认为应提倡集体创作，不应有个人创作风格，还有人认为个人风格是客观存在且对繁荣创作起着巨大作用。对此纷争，林克明以党的"适用、经济、在可能条件下注意美观"的方针为标准，仍旧赞成以集体创作为主，否认了集体创作不能有独特风格的观点，同时还肯定了修养较高的个人的骨干作用。林克明强调："把个人放在集体之上，或者甚至强调个人创作'自由'，脱离党的方针、脱离群众、脱离客观实际，追求个人风格，则是应该坚决反对的"①。

关于建筑风格的决定性因素问题，出现了颇大的争论，面对人的思想意识决定论和经济基础决定论两派不同观点，林克明也表达了自己的想法："不同的社会、不同的生产方式产生不同的社会意识，而不同的社会意识和社会需要，对建筑提出了种种不同的要求，影响了建筑的功能与思想内容，相应地影响到建筑形象。……另一方面，建筑风格的客观基础的各个方面，不可能自行形成建筑风格，它必须通过人的作用，特别是人的主观能动作用，经过人们无数的实践、创造才形成的。……但追本寻源地说来，人们的思想意识终究是客观的反映……矛盾是多方面的，客观基础中任何因素的改变或其作用的改变，都将在不同程度上对风格引起影响"②。从这一段具有唯物辩证色彩的论述可以看出，虽然响应了国内对于风格探讨的热潮，但从根本而言，岭南建筑师并没有以外在形式作为思想的出发点，而是始终坚持着实事求是的思维方式。

"传统与革新"是《创造中国的社会主义的建筑新风格》这一全国性会议总结报告中的一个主要议题，也在"南方建筑风格"座谈会中作为重要议题出现。但通过文字记述，或可看出两者在认识上的差别。在《新风格》一文中，作者提出，对于传统"应当十分重视这份民族遗产。要研究它、学习它，批判地继承它，并在继承传统的基础上，不断地进行革新。……我们所说的革新，是从中国传统中发展和蜕化出来……看去既非中国古典的，又非西洋的，而是中国的社会主义的具有民族特点的新风格、新形式"③。显然，在"传统与革新"的关系中较为偏向传统，认为可把传统视之为母体，而革新正是从中生长出来，并最终呈现为一种形式。而在林克明的著述中，开篇就提出"传统与革新的正确关系，应该是以传统为基础，革新为主导"④。进而再次强调"革新是必要的，是主导的。传统只能是革新的出发点，而不是革新的羁绊……学习、吸收传统，不应单纯从形式、细部去着眼，更重要的是从传统中某些现实主义

① 林克明.关于建筑风格的几个问题——在"南方建筑风格"座谈会上的综合发言［J］.建筑学报，1961（8）：1.

② 同上：2.

③ 刘秀峰.创造中国的社会主义的建筑新风格［J］.建筑学报，1959（Z1）：9.

④ 林克明.关于建筑风格的几个问题——在"南方建筑风格"座谈会上的综合发言［J］.建筑学报，1961（8）：2.

的创作方法，反映民族特点、人民爱好的各种具体手法中去学习和吸收"①。对于两者之间的关系，林克明更重视"革新"的力量，并且关注于从现实出发、以具体手法去实现革新，而非仅仅在形式上做文章。

　　具体到"南方建筑风格"的问题，与会者首先回顾了十年来岭南建筑的创作发展历程。其详细状况发表在另一篇题为《十年来广州建筑的成就》的文章中，其中作者代表岭南建筑师对过往的创作思想进行了自省："解放初期，我们进行了思想改造，批判了资产阶级的设计思想，我们开始学习苏联，并且学习了许多先进的东西"②。因而，在座谈中总结到："总的说来，这些建筑在反映社会主义的美好生活和人民的昂扬进取精神，贯彻执行党的'适用、经济、在可能条件下注意美观'的方针和'对人关怀'的原则，都在不同程度上有所体现，而与中华人民共和国成立前的建筑相比，风格大不相同"③。

　　从其描述中可以看到，在"社会主义现实主义"原则的影响下，岭南建筑师表面上似乎已舍弃现代主义建筑思想而转投"社会主义内容、民族形式"思想的怀抱，但真相是否如此，还需视其行动而定。可毋庸置疑的是，岭南建筑创作确实在发展、进步，对于这一现象的原因，后文认为"由于思想认识的逐步提高，客观条件前后时期之不同，创作方法亦会有所改变"④。并据此提出，关于"建筑师的手法是不能改变的"观点是不对的，"广州地区的事实证明，在一个地区前后时期的风格可以是不一致的，我们亦不必强求一致。……建筑师应该打破框框不受到公式化的限制，具体反映客观实际和思想内容，任何手法都是可以改变的"⑤。读到这里，似乎可以解答一个疑问：对于岭南建筑师而言，究竟是创作思想立场的转变导致的风格和形式变化，还是受客观实际影响而采取的创作手法变化？通过剖析其文字可以发现，不论是指导方针还是创作原则，对于岭南建筑师而言皆是"客观实际"，而"客观实际"一旦变化，创作手法也就采取相应变化，归根结底，还是岭南建筑师基于现代主义思想的现实主义观，包容和化解了"客观实际"所带来的诸多责难和限制。

　　最后，学者们纷纷畅谈岭南建筑在平面布局、园林绿化、通透问题、遮阳降温、骑楼建筑等方面的特色，为日后新建筑的创作出谋划策。对此，林克明又一次提醒到："在南方建筑风格的探索过程中，对如何体现'轻巧通透'还有一些不正确的理解。往往不是首先从功能上，从平面布局、空间组织上体

---

① 林克明.关于建筑风格的几个问题——在"南方建筑风格"座谈会上的综合发言［J］.建筑学报，1961（8）：2.

② 林克明.十年来广州建筑的成就［J］.建筑学报，1959（8）：9.

③ 林克明.关于建筑风格的几个问题——在"南方建筑风格"座谈会上的综合发言［J］.建筑学报，1961（8）：3.

④ 同上.

⑤ 同上.

现，而过多地从形式出发。例如不问功能和实际效果，滥用漏花窗，以为多用几个漏花窗就能达到轻巧通透的目的。结果有些不该通透的也通透了，有些徒有通透的外形，而无通透的效果，不特无补于建筑艺术效果，反而显得烦琐、堆砌"①。

从"南方建筑风格"座谈会的理论探讨情况来看，相较于"形式""民族""传统""社会主义"等字词在国内主流建筑理论研究中出现的高频率，"客观""现实""实践""功能"是岭南建筑师最常提到的话语。在意识形态一元化模式下，尽管岭南建筑师随大流地谈论起建筑的阶级性、民族性、社会性，但从根本而言，他们难以发自内心地认同"从外观式样的层面去探讨中国建筑的'民族风格'"②，在实际操作中，仍始终坚持以一贯的唯实态度和理性思维来展开对风格的寻寻。

5.1.3 深入开展岭南传统庭园调研

除了外部环境的极大影响，岭南建筑师自身也逐渐认识到了地域现代建筑创作应当不断深化的问题。在分析建筑艺术性的时候，陈伯齐就指出：建筑的艺术性是基于功能的，但并非只重视功能而忽略其艺术性，否则便是走到了功能的极端，是非常片面的。③为了加深对建筑地域性的认识，岭南建筑师首先展开了对传统建筑的寻觅和认识。

据记载，对岭南传统庭园的调研最早始于1952年，由夏昌世带领华南工学院建筑学系的青年教师罗宝钿和学生，对粤中四大名园之一的顺德清晖园进行了最早的实测工作④。1954年，夏昌世又主持了对粤中庭园进行的普查工作。其后，任职于广州市城市规划委员会的莫伯治也进行了一些调查，并运用传统手法设计建造了北园、泮溪与南园等酒家。1961年秋，华南工学院建筑学系与广州市城市规划委员会合作，在夏昌世、莫伯治的带领下，再次进行了系统的调查工作⑤，对粤中和粤东地区的庭园进行了实测和访问，包括粤中四大园林（顺德清晖园、东莞可园、佛山梁园、番禺余荫山房）和潮阳西园、澄海西塘，先后共完成了广州、潮汕、泉州和福州等地三四十处庭园的调查工作⑥。

① 林克明.关于建筑风格的几个问题——在"南方建筑风格"座谈会上的综合发言［J］.建筑学报，1961（8）：3.

② 王颖."式样"与"中国风格"的创造［J］.建筑师，2011（3）：93.

③ 陈伯齐.对建筑艺术问题的一些意见［J］.建筑学报，1959（8）：5.

④ 刘业.现代岭南建筑发展研究［D］.南京：东南大学，2001：29.

⑤ 陈伯齐.《岭南庭园》序.夏昌世，莫伯治著.曾昭奋整理.岭南庭园［M］.北京：中国建筑工业出版社，2008.

⑥ 夏昌世，莫伯治.漫谈岭南庭园［J］.建筑学报，1963（3）：11.

在调研过程中，夏昌世与莫伯治还特别请教了各类民间工艺的艺人，熟识了木雕、石雕、砖雕、叠石垒山、贴瓷、满洲窗彩色玻璃等传统民间技艺和专用术语，与诸多老艺人结成好友，由此积累了丰富的经验和学问[①]。

在调研的同时，他们尤为注重成果的记录和分析。1962 年，夏昌世在华南工学院建筑学系为庆祝工学院建校十周年而举办的科学报告会上，首次提交了《岭南庭园》一文，综合分析了广东庭园的特点、平面类型、建筑布局、庭园植物品种和成长特征等问题[②]。1963、1964 年，夏昌世与莫伯治先后合作发表了《漫谈岭南庭园》[③]《粤中庭园水石景及其构筑艺术》[④] 等学术论文，进而将其研究成果整理成近 10 万字的书稿，附几百幅详细插图及资料性照片，请时任华南工学院建筑系主任陈伯齐作序，取名为《岭南庭园》（图 5-1）。由于受政治时局的影响，当时该书的出版被搁置，最终在时隔 45 年后的 2008 年得以正式出版，但即便是在今天看来，他们全面深入的调研和理性严谨的分析，仍在岭南庭园的研究中占据着无可替代的地位。

在 1960 年代的园林研究之后，夏昌世身陷政治囹圄，研究因此中断。1973 年，夏昌世移居德国，又重拾园林研究，并将视野扩大到整个中国的传统园林，撰写了《园林述要》（图 5-2）一书，最终在 1995 年出版问世[⑤]。而莫伯治继续坚守在岭南大地，逐渐将园林调研的成果运用于创作之中，发展出现代建筑与岭南庭园的融合。

图 5-1　《岭南庭园》封面
图片来源：作者自摄

图 5-2　《园林述要》封面
图片来源：作者自摄

① 曾昭奋. 莫伯治与酒家园林（下）[J]. 华中建筑，2009（6）：20.

② 华南工学院建筑系举行科学报告会 [J]. 建筑学报，1962（12）：16.

③ 夏昌世，莫伯治. 漫谈岭南庭园 [J]. 建筑学报，1963（3）：11-14.

④ 夏昌世，莫伯治. 粤中庭园水石景及其构筑艺术 [J]. 园艺学报，1964（5）：171-179.

⑤ 曾昭奋. 编者后记. 夏昌世. 园林述要 [M]. 广州：华南理工大学出版社，1995：170.

追踪溯源，夏昌世与莫伯治对于园林研究，有着不同的因缘。早在 1930 年代，中国古典园林艺术的优秀传统和杰出成就，就引起了我国新一代建筑学家的热情关注。当时，夏昌世曾与梁思成、刘敦桢、卢奉璋一起考察了江南一带的私家园林[①]。此外，夏昌世在南京铁道部任职期间，还与童寯保持着良好的交往关系[②]，而童寯当时正在从事苏州园林的调查工作，并于 1937 年出版了《江南园林志》一书。从其《园林述要》中引述童寯著、刘敦桢作序的《江南园林志》或可管窥他们对夏昌世产生的深刻影响[③]。西方现代建筑教育体系下成长起来的夏昌世，在早期无疑对中国传统建筑知之甚少，然而，无论是出于民族情感还是出于从现代建筑视角展开的传统探索，对中国古典园林的心向往之，或许也是夏昌世开启岭南庭园研究并在之后扩大到对整个中国园林研究的因素之一。

莫伯治是土生土长的岭南人，"天然田园风光和纯朴人情关系环境的潜移默化"使他形成了"乡土田园审美习惯""一种直觉的原始感性认识"，同时，由于家族兄长的影响，他从小饱读诗书，积累了深厚的传统文化底蕴[④]，培养出其对园林天然的亲近感。而在 1930 年代莫伯治与年长 10 岁的夏昌世相识后，特别在 1950-1960 年代的合作调研展开之后，夏昌世对现代主义建筑哲学的信仰、对庭园的情有独钟以及高超的设计水平和务实、节俭的作风，都给予初涉建筑创作的莫伯治以深刻的影响。正是在这多重因素的共同合力下，促成了莫伯治对岭南庭园的热爱，在不断探索现代建筑与传统庭园结合的研究和运用中，开启了岭南建筑新风格的创作之路。

5.2 地域现实主义创作思想内涵

岭南建筑师从地域文化出发深化建筑创作的倾向在"南方建筑风格"座谈会上已初现端倪，并进而在继承地域文化传统、凝练地域文化性格、营造地域建筑意境等方面展开了探索。

5.2.1 继承地域文化传统

关于建筑创作中如何应对传统与创新的问题，几乎每一位岭南建筑师都谈到了自己的观点。林克明认为：要学习传统建筑文化的精髓而不是形式，在熟

---

① 曾昭奋．编者后记．夏昌世．园林述要［M］．广州：华南理工大学出版社，1995：170.

② 朱振通．童寯建筑实践历程探究（1931-1949）［D］．南京：东南大学，2006：12（表 2.1 童寯抗战前在上海主要社会关系一览）.

③ 夏昌世．园林述要［M］．广州：华南理工大学出版社，1995：16.

④ 庄少庞．莫伯治建筑创作历程及思想研究［M］．广州：华南理工大学出版社，2011：32.

悉传统建筑的基础上分析提炼、抽象概括，如此才能运用自如[①]。佘畯南也说道："要承认过去，回答现在，展望将来。在不生搬硬套传统形式的前提下，抛弃遗产是无益的。决不可拒绝继承或借鉴古人和外国人的有用东西。但继承和借鉴决不可以变成替代我们的创造"[②]。莫伯治非常注重在创作中实现对历史文化的沟通，他提出在概括性的层次上，可以探索古今建筑艺术处理手法的共性，以得到沟通的途径[③]。何镜堂认为"建筑师应在地区的传统中寻根，发掘有益的'基因'，并密切与现代科技、文化结合，表达时代精神，使现代建筑地域化、地区建筑现代化"[④]。可以看到，对于历史，多位岭南建筑师的观点都高度一致，即重视历史、提炼精髓、有所创造。但具体落实到创作实践中，要实现这一目标，仍需要相当的积累和艰辛的探索。从岭南建筑师的著述中，我们或许可以了解到他们在追求这一目标的征途中所留下的每一步脚印。

5.2.1.1　移植和再造传统构件

林兆璋曾回忆到：1958 年的夏天，在广州的一次座谈会上，他向梁思成问了一个问题："您最赏识广州哪幢建筑物之设计?"梁思成毫不迟疑地回答："北园酒家。"他认为当时刚落成的广州北园酒家（图 5-3）是具有强烈地方风格的优秀作品[⑤]。北园酒家何以给梁思成留下如此深刻的地方风格印象？还应当从建筑师的创作构思和手法中去寻找答案。

图 5-3　广州北园酒家

图片来源：《岭南近现代优秀建筑 1949-1990》，中国建筑工业出版社，2010.

① 林克明 . 建筑教育、建筑创作实践六十二年［J］. 南方建筑，1995（2）：50.

② 佘畯南 . 一点体会——对创作之路的认识［J］. 建筑学报，1991（6）：4.

③ 莫伯治 . 我的设计思想和方法 . 曾昭奋主编 . 莫伯治文集［M］. 广州：广东科技出版社，2003：224.

④ 何镜堂 . 何镜堂文集［M］. 武汉：华中科技大学出版社，2012：4.

⑤ 林兆璋 . 岭南建筑新风格的探索 . 曾昭奋主编 . 莫伯治文集［M］. 广州：广东科技出版社，2003：372.

作为早期的地域性建筑创作探索，在积累了相当的传统建筑调研的基础上，莫伯治针对北园酒家的现状和设计任务，提出了两点要求：一是庭园采用深远曲折的综合式内院布局，二是充分利用散落民间的工艺建筑旧料①。这样，既可降低造价，又能使建筑充满着丰富的地方色彩。莫伯治在文章中详细地记载了加工整理旧料的工作，他们通过数十次的搜集，将旧的木料、石料、砖料逐一翻新，重新用在了新建筑的建造当中，不仅作为基础建材，更是将传统建筑精雕细琢的装饰构件改用在门、窗、栏杆、屋檐等部位，在岭南风格的营造中发挥了极其重要的作用。

实际上，在夏昌世和莫伯治早期的调研成果中就曾指出，装饰手工艺的发达是岭南传统建筑的突出特征之一，细木工艺和套色玻璃画更是地方的特有产品②。因而，移植传统建筑构件可以说是在新建筑中表现地方特色最易实行、效果最显著的方法。同时，它还兼具了满足当时社会经济条件的要求，故受到一致好评，并持续运用在更多的新建筑创作上。

例如，在广州泮溪酒家的设计中，建筑师仍旧提出"尽量利用地方旧有装修材料，既符合节约原则和勤俭办企业的精神，并可以保存民间流散的建筑工艺精品"③。在具体的体验中，传统装饰构件和工艺成了视觉的焦点（图5-4），"入门对着八幅精美的屏门，格心是蚀刻书法套红色花玻璃，镶楠木海棠透花边。裙板是楠木博古浮雕。配以套红玻璃天花灯组……门厅的左侧，透过镂空的花窗，可以看到六开间的宴会大堂，厅堂周围用纹样丰富的斗心隔扇和色彩雅丽的套花玻璃窗心组成。厅堂内部西端梢间以木刻钉凸、洋藤贴金花罩作空间分隔，东部梢间则隔以双层海棠透花镶套色花玻璃贴金大花罩，配上简化的富于地方色调的藻井天花，使宴会大厅色调富丽堂皇而不落俗套"④。即便没有亲身体验泮溪酒家，仅仅通过文字的细致描述，都可感受到浓郁的岭南风情跃然于纸上。其中，建筑师对套色花玻璃、斗心、木刻钉凸这三种岭南的特殊手工艺还专门做了更进一步的解释，将其分类和工艺做法详细地陈述，足以见得岭南建筑师在形式运用之外，对传统装饰工艺技法的熟知程度。

此后，莫伯治还创作了深圳泮溪酒家，延续着广州泮溪酒家的设计思路。深圳泮溪酒家依旧采用了岭南传统庭园的风格，但与之前有所不同的是，这个时候能够应用的旧有建筑构件和材料已非常少，所以建筑师决定用现代新型建筑

---

① 莫伯治. 广州北园酒家. 曾昭奋主编. 莫伯治文集［M］. 广州：广东科技出版社，2003：13.

② 夏昌世，莫伯治. 岭南庭园. 曾昭奋主编. 莫伯治文集［M］. 广州：广东科技出版社，2003：97-107.

③ 莫伯治，莫俊英，郑昭，张培煊. 广州泮溪酒家［J］. 曾昭奋主编. 莫伯治文集［M］. 广州：广东科技出版社，2003：135.

④ 同上.

材料来表现传统岭南庭园风格，如茶色玻璃合金铝窗、墙纸、尼龙地毯等。值得指出的是，建筑师非常注重现代材料的地方风格化应用，如在墙纸上用木条及玻璃作隔条，地毯选择有中国纹样的红色地毯，再配上简化仿制的美人靠、朱栏、垂花、雀替、琉璃瓦等构件和材料，配以岭南常见的盆栽、潮州的木雕家具。如此一来，现代建筑材料也能够营造出一个极具传统韵味的岭南园林酒家。

图 5-4　泮溪酒家室内

图片来源：《莫伯治集》，华南理工大学出版社，1994.

可以看到，岭南建筑师在早期的地域性探索中，借用传统岭南庭园中的装饰构件等材料的手法，既抢救了传统建筑中的文物精华、节省了经济投入，又形成了与新建筑的有机结合，得到了当时群众的喜爱和赞赏。但岭南建筑师自己也记述到："林西同志一方面给予肯定和鼓励，但又及时指出，这类形式以后不宜多搞，应该适应新的功能，寻求新的手法，创造新的风格。这时候他已十分明确提出新建筑的功能和风格问题，希望我们在设计中务必留意"[1]。作为当时分管城市和建筑设计工作的领导，林西的话无疑对岭南建筑师起到了一定的影响，推动了岭南建筑师创作思想的进一步深化。

---

[1]　莫伯治.白云珠海寄深情——忆广州市副市长林西同志［J］.曾昭奋主编.莫伯治文集［M］.广州：广东科技出版社，2003：286.

5.2.1.2　承袭"散点式"布局

　　早在夏昌世和莫伯治的岭南庭园调研中，他们就发现了岭南庭园的独特之处，即岭南庭园是以适应生活起居要求为主，园景只是从属于建筑的，与以自然空间为主的园林空间结构大不相同，是以称之为"庭园"而不是"园林"[①]。几个不同的"庭"构成了庭园的基本组成单元，而同时由于庭园不能脱离所在建筑环境的衬托，所以经常位于建筑物的前后左右或当中，形成了建筑物的"散点式"布局。尽管相较于纯粹的中国古典园林而言，岭南庭园的世俗性更强，变化的自由度更大，但其无形中却也更容易与现代建筑创作接轨，能够更快地适应现代建筑与传统庭园的结合。

　　首先，岭南建筑师在现代建筑创作中没有过分注重对称的布局，而是根据地形的原有特色，采用灵活的布局方式。例如，白云山山庄旅舍的地形是溪谷的狭长形，因此整个建筑布局采用了串列式的庭院组合。其中，遇到上行的地势时，建筑也随之逐段上升，遇到地势陡峭时，建筑师设蹬道爬山廊，让建筑临溪或临崖，整个布局虚实交替、起伏较大，显得丰富而活泼（图5-5）；又如白云山双溪别墅的建筑群布局，也属于相错的上下过渡空间，一组若干小院建筑分别布置在坡的顶部、中部和下部，基于陡峻的山坡，一个高低错落、林木葱茏的有机建筑整体应运而生（图5-6）。从这些建筑的布局，皆可看到潮阳西园（图5-7）、东莞可园（图5-8）中传统建筑依山就势布局的影子。

a　　　　　　　　　　　　　b

图5-5　白云山山庄旅社

a—设计鸟瞰图；b—实景照片

图片来源：a《莫伯治集》，华南理工大学出版社，1994；b 作者自摄

---

① 夏昌世，莫伯治.曾昭奋 整理.岭南庭园［M］.北京：中国建筑工业出版社，2008：17.

a　　　　　　　　　　　　b

图 5-6　双溪别墅

a—设计表现图；b—实景照片

图片来源：《莫伯治集》，华南理工大学出版社，1994.

图 5-7　潮阳西园　　　　　　　图 5-8　东莞可园

图片来源：《汕头建筑》，　　　　图片来源：作者自摄
汕头大学出版社，2009.

其次，岭南建筑师借鉴传统庭园的手法，采取分散的小体量以表达不同的空间性格。如庭园建筑中的花厅，相当于住宅中的客厅，起到了主导的作用；书斋相当于住宅中的书房，别馆小楼相当于住宅中的卧室，皆具有简朴明净的格调，位置较隐僻；船厅为雅集之处，又能作为餐厅使用，这也是成为布局中的一个重要突出点；其余亭台为休息瞭望之所，近似住宅中的阳台功能，起到连接和点缀的作用。总体来看，这些小体量建筑布局分散、功能单一、体型丰富，但同时还遵循着一定的比例和内在关系，借用《园冶》中的"立基"篇说，即"凡园圃立基，定厅堂为主……筑垣需广，空地多存，任意为持，听从

摆布,择成馆舍,余构亭台"①。说明岭南建筑师是根据功能的不同来考虑位置和比例的大小关系的,使得这一系列小体量建筑主次分明、功能完善,共同构成了一个协调、完整的庭园体系(图5-9)。

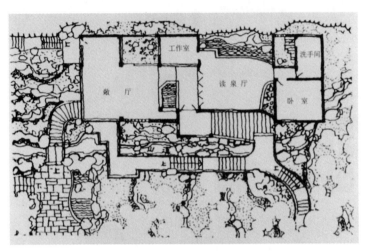

图 5-9　双溪别墅平面图

图片来源:《莫伯治集》,华南理工大学出版社,1994.

最后,"散点式"布局不仅指代着创作中的建筑物,同时也是对其中"庭"的布局。通过研究,岭南建筑师将传统岭南庭园归纳为平庭、石庭、水庭、水石庭和山庭5种,同时这5种"庭"与建筑形成了前庭、后庭、中庭和偏庭几种关系②。莫伯治曾谈到国外庭园与中国庭园的差别:"国外的庭园建筑组合是将各种不同功能的建筑空间,组织在一幢完整的大房子之内,外面绕以庭院绿化。中国的庭园是传统的建筑组合,则与此相反,是将不同功能的建筑空间,分散成为独立的小体量建筑,然后将这些小体量建筑采用中国传统的建筑群布局手法,组织成大大小小的庭院体系,并在庭园中运用山池树石,按一定的诗画意境组景,庭园景物融合在建筑群中,展开多层次空间和丰富多彩的庭院体系"③。显然,莫伯治已认识到,由于庭园空间是在建筑物围合或分隔的基础上而来,因此建筑物的小体量、分散式布局势必也会引导"庭"的分散式布局。建筑师在创作中就极为重视通过建筑物与景物空间的位置,安排前后、左右、内外、高低的关系来实现完整的布局,在白云山山庄旅社、双溪别墅、矿泉别墅(图5-10)等创作中皆可看到这一布局手法的应用。

---

① 莫伯治,吴威亮.白云山山庄旅舍庭园构图.曾昭奋主编.莫伯治文集[M].广州:广东科技出版社,2003:160.

② 夏昌世,莫伯治.曾昭奋 整理.岭南庭园[M].北京:中国建筑工业出版社,2008:17-41.

③ 莫伯治,吴威亮.白云山山庄旅舍庭园构图.曾昭奋主编.莫伯治文集[M].广州:广东科技出版社,2003:162.

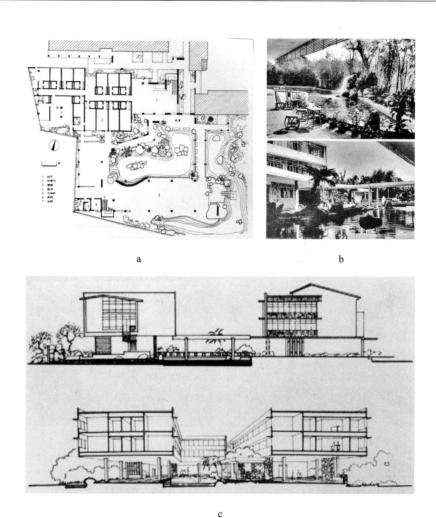

图 5-10 矿泉别墅围绕"庭"的分散式布局

a—平面图；b—实景照片；c—立面图、剖面图

图片来源：《莫伯治集》，华南理工大学出版社，1994.

5.2.1.3 糅合传统与现代构成要素

从最初的移植和再造传统构件，到模仿传统的"散点式"布局，岭南建筑师日渐认识到，地域历史内涵的表现不应停留在对过去的无限怀念中，直面当下的时代特性也是建筑师所应担负的挑战和责任。同时，建筑所要满足的功能需求也在逐渐增多、加大，分散式、小体量的建筑布局已远远不能实现其建造目标。在此情形下，岭南建筑师开始探索如何在现代建筑的构成要素中糅合传统建筑要素，使之依然能够表现传统的内涵和风韵。

例如，在白天鹅宾馆的室内设计中，建筑师就提出了"既能够反映时代的特征，又能够表现传统的特色"的目标。具体到手法上，他们着力寻求传统与现代的共性，经过"糅合"，使之互相融合，产生一种富有现代感的历史内涵。

如在白天鹅宾馆大门前的庭园设计中，建筑师就以共通的雕塑审美观、类似的材料质感和色调，将一座 6m 高的奇峰、一对白玉石雕狮子、四把独立伞形结构的门廊这三类互不搭界的建构元素糅为了浑然一体的组合；在中庭中，中国古陶图案花缸、石山溪泉与现代简练的阑河造型也得以和谐共处；在家具上，明式红木扶手椅与西式沙发面对面陈设，通过采用类似红木颜色的织物作为沙发套面、穿插置入八角几、八角灯座等传统风格饰品，使得整个家具陈设极具传统风味，却又凸显出各自不同的特质；在套间布局里，空间布局上按照现代功能考虑，地毯、墙纸和主要家具也是现代风格，但在过渡的地方则穿插了通雕木刻花罩、斗心隔扇、红木围屏等陈设，整个房间既富于现代感，又有着传统典雅的特色①（图 5-11）。

图 5-11　白天鹅宾馆室内
图片来源：《莫伯治集》，华南理工大学出版社，1994.

在东方宾馆翠园宫的室内设计中，建筑师寻找到岭南传统建筑构图与西方"新艺术运动"风格的共通之处，即两者在体型处理、装饰构图中都喜欢取材于自然生态，引发为生动活泼的曲线构图。基于此认识，建筑师在空间设计中将两者糅合起来，如采用几何体型柱头、三心拱门洞、贴金唐藻纹样、取意于高迪的天花构图等"新艺术运动"的建筑语言，同时运用汉代浮雕壁面、斗心落地明隔扇、木刻花罩等传统建筑语言与之相呼应，在藤蔓曲线的缠绕与延伸之间取得了自然、清新、富有岭南风韵的效果②（图 5-12）。

除了尽力让传统与现代元素融二为一，借用现代构成要素来突出传统特色，也是岭南建筑师的又一创作思维。如在西汉南越王墓博物馆的设计中，建筑师为了保持历史遗迹的纯洁性和可读性，提出了"在遗迹与新构筑物之间，外观识别要有明显的区分，不以今损古，不以假乱真"③的设计原则。为此，

---

①　莫伯治.环境、空间与格调［J］.曾昭奋主编.莫伯治文集［M］.广州：广东科技出版社，2003：183.

②　莫伯治.东方宾馆翠园宫室内设计.岭南建筑丛书编辑委员会编.莫伯治集［M］.广州：华南理工大学出版社，1994：242-243.

③　莫伯治，何镜堂.西汉南越王墓博物馆规划设计.岭南建筑丛书编辑委员会编.莫伯治集［M］.广州：华南理工大学出版社，1994：194.

建筑师在展馆中主要采用了天然光，像顶光棚用现代建筑的抽象几何图形，如半圆筒形、覆斗形、金字塔形等，结构采用现代的油色钢管或不锈钢管，使人望之便知为现代支撑构件，如此一来，在与历史相区分的同时还能够赋予建筑以古典的意味，表现了现代与历史交织的丰富内涵。

图 5-12　东方宾馆翠园宫室内设计

图片来源：《莫伯治集》，华南理工大学出版社，1994.

5.2.2　彰显地域文化性格

从历史中提取要素运用在现代建筑创作上，是构筑建筑风格的思维路径之一。然而，这一借助传统建筑的某些片段作为建筑风格的表现手法，尚未实现创作上的真正突破与创新。凝练地域的文化性格，以抽象的手法创作于建筑当中，再以建筑作为物质载体彰显地域文化性格，此为地域表达的又一思维路径。

5.2.2.1　简练通透的建筑形态

在对岭南传统建筑的调研中，建筑师感受到："建筑物的体型一般轻快、通透开敞，体量也较小。单拿出檐翼角来说，没有北方用老角梁、仔角梁的沉重，也不如江南出戗的纤巧，是介乎两者之间的做法。建筑的外形轮廓柔和稳定，朴实美观，而且构造上也较简易"[①]。结合功能维度一章的分析可以发现，岭南建筑的外形特征与其亚热带地理气候息息相关，同时在特殊气候的影响下，岭南人的生活习性和审美趣味也逐渐定位为明确的取向，即偏爱简练通透的建筑形态和喜爱户外活动的生活习惯。

首先，岭南建筑师表现出明显的简练性倾向。从"广州第一高楼"爱群大厦的加建工程开始，广州宾馆、白云宾馆、白天鹅宾馆等高层建筑均采用的是浑然一体的几何立方体式体型。然而，统一的造型并不等同于呆板、单

---

① 夏昌世，莫伯治.漫谈岭南庭园［J］.建筑学报，1963（3）：12.

调。相关研究曾指出，岭南建筑师在建筑造型上是不断加以完善的：从爱群
大厦新楼的平面式、侧重功能的横线条，到广州宾馆的结合结构造型、略显
刻板的横线条，再到白云宾馆中水平体量、线条与竖向体量、线条的融合运
用、功能与审美统一的活泼构图，足见广州高层旅馆建筑的体型组合、立面构
图已日臻成熟[①]（图5-13）。实际上，这一变化的出现正是岭南建筑师所思考的
结果。他们认识到：岭南建筑的体型，基本上是方柱体的组合，但是将不同
的功能组织在一个统一体量内会缺乏空间立体感，对反应建筑的性格、风格
是有一定局限性的，而且，如果整个城市的建筑群都是一群箱子和盒子，未
免单调[②]。为此，他们开始探索体量的结合，在简洁的造型基础上，充分发挥
钢筋混凝土的可塑性，运用纵横交错、收放有序的手法实现了有韵律的体量
变化。

a   b   c   d

图 5-13　岭南高层建筑
a—爱群大厦；b—广州宾馆；c—白云宾馆；d—白天鹅宾馆
图片来源：《岭南近现代优秀建筑 1949-1990》，中国建筑工业出版社，2010.

其次，岭南建筑师的造型设计一方面符合现代主义建筑构图标准，另一
方面还满足了诸多实际工程技术和功能的要求。例如，如何实现新旧建筑的
衔接、如何解决技术材料的不足、如何节约投资、如何吸纳更大面积的景观
都是包含在他们造型设计中的要点。在新爱群大厦和广州宾馆等建筑创作
中，建筑师考虑到国内外窗材料的水密性较差，而广州又是多雨地区，夏季
有台风侵袭，因此经过试验，确定了出挑达 0.7m 的水平飘檐，既可有效地遮
挡风雨，又能够解决当时没有擦窗机而无法清洁外窗的问题，由此形成了横
线条的外立面效果[③]。可以说，这也是一个基于客观实际而形成的地域性建筑
语言。

①　庄少庞 . 莫伯治建筑创作历程及思想研究［D］. 广州：华南理工大学，2011：105.

②　莫伯治，林兆璋 . 广州新建筑的地方风格［J］. 曾昭奋主编 . 莫伯治文集［M］. 广州：广东科技
　　出版社，2003：157-158.

③　冯健明 . 广州 "旅游设计组"（1864-1983）建筑创作研究［D］. 广州：华南理工大学，2007：10.

最后,几何形体的立面造型并没有造成岭南现代建筑厚重、敦实的建筑形象,建筑师通过底层架空和各式通透性的构件,达到了轻快、活泼的形象效果(图 5-14)。底层架空是"新建筑五点"中的重要一点,是现代主义建筑的标志性形象之一,但与纯粹的形式运用相区别的是,岭南建筑师采用底层架空更多是出于实际情况的考虑:它有助于通风防潮、有助于在局限的基地上提供室外活动场所、有助于处理基地起伏不一的坡度,甚至岭南建筑师在底层架空的空间中开始建构园景,开创了现代主义建筑与传统园林的有机融合。通过追溯其思想可以发现,这一念头萌发于早期岭南传统庭园的调研中,当发现广州西关逢源大街某宅花园里西洋古典式的水阁和假山(图 5-15)相结合的时候,建筑师联想到,如果以现代建筑来承托传统形式的山池树石,可能是一条新的发展路径[①]。

a
b

图 5-14

a—白云宾馆架空层;b—东方宾馆架空层

图片来源:《岭南近现代优秀建筑 1949—1990》,中国建筑工业出版社,2010.

图 5-15　广州西关逢源大街某宅花园里西洋古典式水阁手绘图

图片来源:《漫谈岭南庭园》,夏昌世,莫伯治.建筑学报,1963.

这一创见具有两层含义,一是从风格上看,中西结合可以实现;二是从形式上看,中国传统的亭台楼阁与现代主义建筑的架空结构具有异曲同工之妙,是以两者能够合理融汇的基础。有学者就曾指出:"架空底层的建筑主题

---

① 夏昌世,莫伯治.漫谈岭南庭园[J].建筑学报,1963(3):12-13.

逐渐地转变为园林主题，与柯布西耶过于强调形式美学以至有点冷漠的建筑架空形态相比，现代岭南建筑在底层架空上衍变出鲜活的园林空间形式，正是这一主题的转换，架空底层理念在岭南地域找到立足点和发展空间，形成现代岭南建筑的一道独特风景"①。除此以外，由传统细木工艺和套色玻璃画等演化而来的镂空式隔断等，也从细节上丰富了岭南现代建筑的通透性和趣味性。

5.2.2.2 天然质朴的建筑材质

经过仔细的观察，建筑师发现由于岭南地区夏热时间较长，气候炎热潮湿，岭南民众形成了较为偏爱冷色调的心理，从而获得较为清凉之感。同时，岭南人喜爱室外活动，尤其是傍晚常常外出纳凉，故极为亲近自然之物。因此，他们在创作中注重从材质入手，营造符合地方文化习俗的现代建筑。

除了挖掘和提炼审美心理，岭南建筑师还从传统庭园的研究中获得了不少启示。在大量的实地调研和文献调研之后，建筑师将岭南传统庭园的审美观归结为"雅朴"二字，认为"雅朴"体现在简而不陋、华而不俗这两个方面。

首先，建筑师引用白居易在草堂记里的话："木斫而已不加丹，墙圬而已不加白，砌阶用石，幂窗用纸，竹帘纻帏率称是焉"②。指出，崇尚天然野趣，运用粗放的材料，取得"室庐清靓"的效果，是我国庭园建筑的优良传统。在这一审美观的指引下，岭南建筑师在创作中运用的材料皆注重以构造取材，以简朴自然为主。如在白云山山庄旅社的设计中，建筑师为该作品设定了"时遵雅朴"的材质要求，运用冰纹砌石处理客厅内墙，墙上饰以大幅魏碑书法，又以白色粉墙的墙石处理其余墙面，天花材料采用原色水泥，木丝板不加油饰，既突出山居简朴而清雅的质感，又平衡了石墙粗犷的气氛，展示了悠久传统文化的分量③（图5-16）；又如，在广州矿泉别墅的设计中，支柱层地面建筑师采用水泥沙粉刷，虽表面粗糙，但节省了造价，又恰如其分地表现出沙洲的意象；还有，在梁启超纪念馆的设计中，建筑师运用拆旧房的青砖砌筑了部分外墙和连廊，不加粉刷，整个工程都没有采用贵重的材料，却以淡雅朴素的形象赢得了与周围环境的协调，并表现出一代思想家的高风亮节。这些都是粗中有细、简而不陋的手法。

---

① 庄少庞. 莫伯治建筑创作历程及思想研究［D］. 广州：华南理工大学，2011：97.

② 转引自 莫伯治，林兆璋. 庭园旅游旅馆建筑设计浅说. 曾昭奋主编. 莫伯治文集［M］. 广州：广东科技出版社，2003：173.

③ 莫伯治，吴威亮. 白云山山庄旅舍庭园构图. 曾昭奋主编. 莫伯治文集［M］. 广州：广东科技出版社，2003：164.

a   b

图 5-16　山庄旅社和双溪别墅的建筑材质

a—山庄旅舍中的砌石墙面、石板地面；b—双溪别墅中的白色粉墙、砌石墙面

图片来源：a 作者自摄；b《岭南近现代优秀建筑 1949-1990》，中国建筑工业出版社，2010.

　　其次，岭南建筑师指出，岭南庭园的朴实简练并不排斥典雅华丽的元素。因而，在创作中小到室内装修，可以运用如木格扇、满洲窗、通雕、玻璃画等材质和元素，起到丰富建筑空间的作用；大到建筑外部材料，也可以运用带有特殊质感的材料，如使用频率最高的岭南红砂岩，起到了"出人意想"的效果。红砂岩的第一次大面积使用是在西汉南越王墓博物馆的设计中，建筑师大胆采用了这一廉价的本土石材，结合简洁的造型和抽象的雕塑，实现了"历史文化的复归"的设计目标，营造出适宜于博物馆的大气、厚重的形象。此后，在澳门新竹苑的设计中，建筑师采用红砂岩铺设主题背景墙，不仅端庄雅朴，而且整个山林之趣跃然而生，岭南文化气息扑面而来；在广州艺术博物院的设计中，建筑师在粉墙黛瓦之余，适当嵌入了红砂岩墙面，兼具了艺术博物院承载历史传统与地域文化的特质；在汕头市中级人民法院新楼的设计中，建筑师再次启用红砂岩，并特意选择了较为沉着的红棕色材料，在白色基调的映衬下，实现了"既有法律的尊严，又须与公众平等对话，自然地融合于城市环境之中"[①]的设计定位。

　　由此可见，崇尚天然纹理的材料，却并不意味着简陋、低俗、乏味，在岭南建筑师的眼中，崇尚天然，正是"木矸而已不加丹"之意，但如何适应不同的建筑类型和环境，如何达到相应的效果，充分发挥材质的内在特色，则是源于自然、又高于自然的智慧所在。

5.2.2.3　淡雅明快的建筑色调

　　与天然质朴的建筑材质相一致，岭南建筑学派在创作上主要以淡雅明快的

---

① 莫伯治，莫京. 岭南建筑创作随笔. 曾昭奋主编. 莫伯治文集［M］. 广州：广东科技出版社，2003：328.

色调为主。这包含两个层面的意思，一是淡雅，即大面积采用素净的色调，符合地域气候特征和民众审美心理；二是明快，即淡雅中不乏生动之处，不拘一格地采用小面积的活泼色彩进行点缀，体现出与岭南文化的世俗性一脉相承。可以说，这些创作思想的获得，不仅源自于建筑师个体的感性体验，同时也是其深入研究的理性结果。

在调研传统庭园之后，岭南建筑师就对庭园建筑的色调进行了归纳："庭园建筑色调，以淡雅素净为主，避免炫目的颜色，尽量运用材料原色，以取得良好的质感和真实耐用的感觉为原则。承重外墙一般用蟹青色水墨光砖，衬以花岗石或红砂石脚线，色调沉实典雅；混水墙则很少直接暴露，可能由于阳光过于炫目；漆饰主要用山漆原色，避免大红大绿的色彩。为了使建筑物的色调淡雅而不沉重，既闲静又活泼，在局部墙面的细部，或就整个的建筑体量上，运用色彩的对比变化来取得活泼多彩的效果。……在立面的上下部位经常也运用不同的材料，运用材料的不同颜色和质感来取得对比的效果"①。显然，他们已从传统庭园建筑的色调上总结出了一套整体性的应对方案，这对于他们在现代建筑创作中的色彩运用，起到了极大的影响作用。

无论是先前所创作的华南土特产展览交流大会展馆群、中山医学院教学组群等，还是这一时期所创作的白云山山庄旅社、友谊剧院、白云宾馆、矿泉别墅、白天鹅宾馆等，均可见到真实展现粉刷墙、水磨砖、原木材等材质的白、灰、木色，与周边的绿化环境融而为一，形成了清新、素雅的品格（图5-17）。但值得指出的是，与江南园林强调个人情怀的抒发和理想的寄托不同，岭南庭园更加注重满足世俗享乐的生活，诸如红、绿等鲜艳之色也作为点缀常置其中，起到悦目悦心的作用。在现代建筑创作中，岭南建筑师也借鉴了这一手法，主要在室内设计中采用一些带有鲜艳色彩的构件，如屏门隔扇、满洲窗组、通雕花鸟、彩色玻璃画等，甚至各色各样开花结果的盆栽也作为装饰物置入建筑内外空间，既丰富了景观，更是能够透过光线，在明暗之间产生色光和镂光，使得建筑在朴实中透露出活泼明快、动静结合、虚实相生、华而不俗的效果。

但总体来看，无论是造型、材料、色调，岭南建筑师均保持着整一性的判断标准，宁少勿多、宁简勿繁，使建筑恰如其分。正如佘畯南所言："在处理多样化时，我们爱用简洁的手法，使之协调而组成相似之格调，避免类型过多……我们倾向于运用'减法'，而不倾向于烦琐哲学的'加法'"②。展现出岭南建筑师偏爱简练、通透的审美取向，同时也反映出他们对于岭南地域文化性

---

① 夏昌世，莫伯治.岭南庭园.曾昭奋主编.莫伯治文集［M］.广州：广东科技出版社，2003：80-81.

② 佘畯南.从建筑的整体性谈白天鹅宾馆的设计构思.曾昭奋主编.佘畯南文集［M］.北京：中国建筑工业出版社，1997：63-64.

格的认知和提炼。

图 5-17　双溪别墅的内庭院，白色粉墙、灰色水磨砖、褐色木门窗与
绿色植被、天井透下的自然光一起构成了淡雅明快的审美感受

图片来源：《莫伯治集》，中国建筑工业出版社，1994.

5.2.3　营造地域建筑意境

"意境"是中国古典艺术理论特有的审美范畴之一。意指经过艺术创作使
人能够超越现实生活，进入到深刻体验宇宙观念或人生真谛、实现物我合一的
艺术化境。侯幼彬在《中国建筑美学》一书中指出，建筑意境生成的根本机制
在于实境与虚境的共同营造，观赏者在特定的空间实景内引发了超出时空范围
的艺术想象与情感，形成了建筑接受中的虚境，这个由实境生发虚境的过程
就是建筑意境形成的过程[①]。由此可见，建筑空间是形成建筑意境的核心载体，
也就是说，要建构建筑意境就必须在空间方面下功夫。从岭南建筑师的文字表
述和作品实践来看，显然他们早已认识到空间的重要性，并展开了持续、深入
的探索，表现出注重"时间性"、以"命题"引发联想、运用隐喻和象征手法
等这三条主要的思维路径。

5.2.3.1　注重"时间性"

在传统庭园的调研中，岭南建筑师发现，"中国造园艺术结构，可以从两
方面去探讨：一方面是以建筑空间关系为线索；另一方面是以风景线组织为内
容"[②]。但不论是建筑、水石庭，还是装饰、花草，都是透过一条动态的路线组

---

① 侯幼彬. 中国建筑美学［M］. 哈尔滨：黑龙江科学技术出版社，2000.

② 夏昌世，莫伯治. 中国古代造园与组景. 莫伯治. 莫伯治文集［M］. 广州：广东科技出版社，
2003：26.

织起来的[①]。可以说，"动态的路线"是他们认为庭院空间最重要的主线索。所谓"动态"，即是运动、流动的，属于时间范畴。受此启发，在现代建筑创作的空间探索中，其创作思想主要从横向的内外景观渗透和纵向的空间序列展开。

岭南建筑师曾在总结地方风格的文章中指出，庭园与建筑的结合是岭南地方风格建筑的主要表现之一[②]。具体而言，分散的建筑体量引导了室内外空间的相互渗透，形成了一种借景式的多重时间性，而顶光棚、落地明格扇、镂空墙、柱子、屏风、栏杆、回廊、玻璃等构件和材料由于具有空灵通透、半虚半实的特点，常被其作为实现渗透效果的构成要素。例如，在白云宾馆的大厅和五套间休息厅、矿泉别墅的三套间休息厅、友谊剧院的贵宾室、白天鹅宾馆中庭（图5-18）等建筑创作中均使用了这类手法，使建筑空间与自然景物融化渗透，在单一的建筑空间中融入园林空间景色，从而丰富和延长了游览者的观赏时间。

a   b

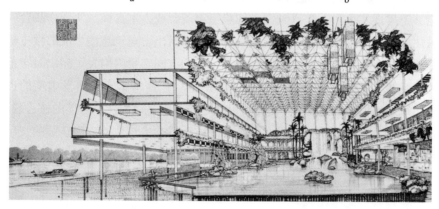

c

图 5-18

a—泮溪酒家游廊；b—白云山山庄旅舍爬山廊；c—白天鹅宾馆室内外空间剖面图

图片来源：a、c《莫伯治集》，中国建筑工业出版社，1994；b 作者自摄

对照岭南建筑师关于庭园空间的研究可以发现，上述的创作手法与他们的研究成果实际上是相一致的。莫伯治在《中国庭园空间的不稳定性》一文中归

---

① 夏昌世，莫伯治.漫谈岭南庭园［J］.建筑学报，1963（3）：11.

② 莫伯治，林兆璋.广州新建筑的地方风格.曾昭奋主编.莫伯治文集［M］.广州：广东科技出版社，2003：156.

纳了庭园的 5 种空间关系，其中的亦里亦外、亦此亦彼、亦藏亦露均是对于空间渗透的分析，从原理、手法和园林精神的层面分别描述了庭园内部与庭园外围、庭园与庭园之间、单个庭园内部空间的多重关系和渗透手法，进而从理论上阐述了空间渗透所应实现的自由、兼容、闲适、超脱的人文理想追求，揭示了空间渗透的意义所在。

除了运用室内外借景的创作手法，岭南建筑师注重"时间性"的思维路径更深层次地体现在对空间序列的探索上。莫伯治在《庭园旅游旅馆建筑设计浅说》一文中指出："庭园旅游旅馆的空间……是带有时间性的连续空间，也是一种思维空间。它的组织安排，往往要赋予人的感情移入，有意识地诱导人们对富有韵律的空间引起思维上的反应，使人思潮起伏，正如乐章一样有前奏有高潮，有起承转合。这是庭园旅游旅馆的妙谛"①。并且他将诗句"玉洞珠岩多美景，盘桓不计游程"的感受称之为"心理行程"，认为建筑师应当把握到人的这种心理感受。为了明确这一心理感受在创作上的应用，他还分别阐述了三种空间序列的变化：收敛式的渐进序列、展开式的渐进序列和突变式不规则形的序列。

时隔 3 年之后，莫伯治继续深挖了空间序列的理论，专门就这一论题写作了《中国庭园空间组合浅说》②一文，将上述 3 类空间序列的变化类型重新调整为规则性（渐变性）序列和不规则性（突变性）序列两大类。在规则性序列下，他细化为直线展开、逐段上升的直线展开、折线展开、直线收敛、逐段上升的直线收敛这 5 种空间序列的变化方式；在不规则性序列下，他细化为从室内到庭园的突变、带有小院前导空间的突变、上升的突变序列这 3 种营造途径。通过具体深入的研究，他对庭园空间内部各要素的组合关系及其效果有了更详尽的认知，显然也更明晰了其在白云山山庄旅社、北园酒家、南园酒家、中山温泉宾馆、矿泉别墅、白天鹅宾馆等现代建筑创作中的体会，深刻认识到空间序列的有效整合能够使人产生连续和整体的感觉，从而可以为人营造出具有时间性的四维意境空间。

5.2.3.2　以"命题"引发联想

除了抽象的时间性思维路径，岭南建筑师还学习借鉴传统园林中的"命题"一法，在现代建筑创作中也尝试运用"命题"来突出建筑的文化性格，直截了当地点明建筑环境的主题。

譬如在白天鹅宾馆的设计构思中，建筑师就为各个不同性质的空间设定了主

---

① 莫伯治，林兆璋.庭园旅游旅馆建筑设计浅说.曾昭奋主编.莫伯治文集［M］.广州：广东科技出版社，2003：170.

② 莫伯治.中国庭园空间组合浅说.曾昭奋主编.莫伯治文集［M］.广州：广东科技出版社，2003：195-200.

题，并积极从环境、空间、装饰、家具、陈设、灯光等方面与之相配合，营造出适宜于空间类型并与主题相吻合的空间氛围：命题为"丝绸之路"的餐厅，以落地丝线窗帘、描绘塞外风光的巨幅玻璃刻画来突出其个性和意境；命题为"椰林居"的舞厅，以藤制的椰林图案装饰、椰树构图的织物来突出南方热带风光的氛围；命题为"流浮"的咖啡厅，现代风格的家具设计与渗入厅内的溪泉相结合，一幅四面环水的自然山水气息扑面而来，流浮水面的意境皆得于此；命题为茶厅的"鸟歌厅"，"凭虚敞阁"的建筑造型与设之于此的铜鸟笼及笼中五彩缤纷的虎皮鹦鹉，一道赋予了此情此景鸟语莺歌的画面；命题为"玉堂春暖"的中餐厅，以花厅为主体，环绕水石花木，突出了玉堂的意境；命题为"故乡水"的中庭瀑布，从高达 10 多米的空中倾泻而下，水石轰鸣，一股对祖国河山的眷恋之情在游子的心中油然而生[①]（图 5-19）。

图 5-19　白天鹅宾馆中命题为"故乡水"的中庭
图片来源：《岭南近现代优秀建筑 1949-1990》，中国建筑工业出版社，2010.

双溪别墅是一组与山地结合的小体量建筑群体，其间的若干个小院中，岭南建筑师置以山石、陡壁、藤蔓、树木，随着山地的坡度起伏错落，深入其中犹如在山林怀抱之中。戴复东曾如此描述他的感受："陡壁上山石嶙峋，藤蔓丛生，枝繁叶茂，郁郁葱葱，日光下泄，碎影婆娑，溪水汩汩，泉声玲琮。陡壁下的山石上刻有'读泉'二字。噫！此图画耶？实物耶？室内耶？室外耶？人

---

① 莫伯治 . 环境、空间与格调——广州白天鹅宾馆建筑创作中的审美问题 . 曾昭奋主编 . 莫伯治文集
　　［M］. 广州：广东科技出版社，2003：183-184.

工耶？天然耶？使人迷离，使人忘怀，使人清澈"①。从这里可以看出，在建筑空间环境之中所产生的深刻感受，经过"命题"的一语道破，欣赏者有如被醍醐灌顶，既升华了对自然与人生的领悟，心境也变得更加清凉舒适、豁然开朗。

实际上，"命题"的思维路径正是岭南建筑师期望在现代建筑中融入感情的一种方式，通过各类装饰、材料、环境的衬托和配合，现代主义建筑由此实现了与岭南地域文化、社会公众情感的交流，规避了其简洁却又单调、冷漠、乏味的负面特质，使建筑能够与人和人的生活形成呼应，激发人的情感共鸣，与所在的自然环境、社会意识和岭南人的审美取向相融合。可以说，"命题"一法，虽稍显直白，但却是一种能够尽快拉近与地方民众情感交流的一种方式，因此得到了地域内外众多业界人士和社会人士的好评。

5.2.3.3　运用隐喻和象征

就建筑意境的建构而言，室内外空间的渗透和空间序列的收放有致为其搭建了一个立体的舞台，"命题"式的思维路径和艺术手法在某些节点上为其提供了一个具有明确指向性的内涵。然而，岭南建筑师认识到，在空间创作上还有更多深入的内容可挖，隐喻和象征成为岭南建筑师建构建筑意境的又一思维路径。

追溯隐喻和象征的发展史可以发现，这两个概念常被相提并论，并且人们对其产生的认知也纷纭不一，有人认为两者其实就是一码事，也有人一定要在内涵上划分清楚两者的区别。在此，本文无意于纠缠这两个概念的来龙去脉，而是采纳一种普遍认同的观点：象征一般指历史和传统上约定俗成的意义，有着相对的稳定性，而隐喻具有现实性，不同环境下的隐喻载体可以表达不同的事物和意义，但两者皆是借助形式来传达创作者的精神意识，以引起欣赏者的共鸣。因此，两者并非对立，而是紧密关联，并且因为精神意识的复杂性和不可捉摸性，两者常常互相重叠和相通，共同在创作中发挥着意义表达的作用。

在传统建筑的调研和分析中，岭南建筑师认为，中国传统园林创造的意境往往是在有限的空间中透过景物的启发，诱导人们联想到有限空间之外并不实际存在的山林景象，故有"一峰则太华千寻，一勺则江湖万里"之说，在他们看来，"这并不是说在咫尺之地可以包罗大自然的大山大水，以及千寻的太华和万里的江湖，而是透过眼前景物片断，以真求幻，从有限生无限，这'有限'不是凝固的、静止的，而是不稳定的、运动的"②。这里所指的"一峰"和

① 戴复东.园·筑情浓，植·水意切.曾昭奋主编.岭南建筑艺术之光［M］.暨南大学出版社，2004：25.

② 莫伯治.中国庭园空间的不稳定性.曾昭奋主编.莫伯治文集［M］.广州：广东科技出版社，2003：192-193.

"一勺"正是起到了隐喻和象征的作用，与人的想象和情感相结合，故产生了"景有尽而意无穷"的效果。岭南建筑师由此开始尝试在现代建筑创作中引入这一隐喻和象征的手法，以增添建筑空间的审美意境。

莫伯治在《中国庭园空间的不稳定性》一文中以"亦真亦幻"为题探讨了中国传统园林中隐喻和象征的应用。莫伯治在文章中写道："石"在中国园林中或可取喻为"山"，也可取喻为"岛"，还可取喻为"星宿""仙舟"，诱导人们在思维上延伸出幻境。具体到建筑创作，他以乾隆御花园中的流杯亭为例，隐于石壁之下，被清泉所环绕，饰以竹节图案的创作手法，很容易使人联想到"兰亭"和"曲水流觞"的意境，体悟到高雅清幽的意想空间环境。在莫伯治与佘畯南共同创作的白天鹅宾馆中，他们正是受此启发，以中庭的水石组景来达到延伸想象空间的效果——"石壁倚楼而筑，瀑布奔腾而下，与地面山溪石岸连通，使人感到楼阁是建在深山峡谷之中，而瀑布则源出于石壁深谷之外，庭园空间不是局限于中庭本身，中庭的水石组景不过是'截溪断谷，私此数石为吾有也'。而瀑布的水源，峡谷的上游等意想的无限空间，则是透过眼前有限空间的诱发而得"[①]。在这里，通过隐喻与象征的手法，空间中的材料、雕塑、色彩、光线、文字说明等一系列语言通过巧妙的营造，与深深扎根于地域的社会历史背景、风俗习惯背景和文化价值背景结合起来，激发出观者的文化认知和情感认知，反映出对地域文化心理的精确捕捉和塑造。

除了在空间上运用隐喻和象征的思维路径，在建筑造型和构件上，岭南建筑师也发展出一套独特的语言系统。如在莫伯治的创作中，就可发现他不断地重复着一些固定的形象：飞梯、螺旋式造型、红砂岩浮雕、开敞式游廊、中庭绿化等，如果按照原型理论来看，这些均可视为其隐喻创作的原型。在其具象的建筑形式之后，隐藏着他对于岭南文化的认知和思考，并可通过其实践的重复运用，确立这些形式与岭南地域文化之间的关联，从而引发人们对于建筑的地域文化认同感，也在公众的主观意识上为其后的建筑创作更加自如地运用隐喻的手法打下一个良好的基础。

但值得指出的是，在创作手法层面，与从空间上去营造隐喻氛围而引导的多维化想象相比，建筑形式上的隐喻更具有历史和地域局限性，它所指向的内涵和意义几乎是单一和固定不变的；在建筑思想层面，建筑形式上的隐喻更具有建筑师个人的色彩，表现出建筑师独特的个人体验、哲学视野和建筑个性，因此并不具备广泛性。同时，结合世界范围内出于批判现代建筑而兴起的隐喻主义来看，重新赋予建筑以人文意义的初衷，由于手法的不成熟，常常导致隐

---

① 莫伯治.中国庭园空间的不稳定性.曾昭奋主编.莫伯治文集［M］.广州：广东科技出版社，2003：193.

喻成为一种形似的简单模仿，而缺乏深刻的含义，甚至成为一种媚俗，反而限制了创作想象的发挥。在此，再次回味岭南建筑师从建筑内部空间去营造隐喻氛围的创作构思，可以发现其努力寻求的内在的、真实的关系，使建筑由现实而生成隐喻的意义，而非空泛的、虚无的建筑壳体。

5.3　风格自律：地域现实主义创作思想特征

所谓"风格自律"，即相较于先验的意识形态控制，风格的塑造来源于现实基础和艺术本身的形式创造，极大程度上将建筑之外的功利目的排除在外。与同时期主流建筑创作中以国家主义作为建筑表达的重要立场不同，岭南建筑学派的探索在此时体现出深植地域的鲜明特征。其地域现实主义创作思想既包括了对地域文化传统的挖掘和传承，也包括了对地域文化性格的凝练和彰显，还包括了对地域建筑意境的探索式建构，最终其被认同的"岭南风格"皆是通过从地域环境、地域文化和社会风俗中提炼出"因子"，再运用建筑创作的手法而生成。

5.3.1　建筑风格立足于对地域传统的借鉴和创新

面对传统，岭南建筑师认为它是"概念性的范畴。在某些层次的意义上，它是一定时期、一个地区的具有代表性的建筑形式系统，是概括性的意象。……它是经历若干年代，无数的智慧创作的结果，是代表着时代特征的一个方面，绝非建筑师个人创作的具体建筑风格形象"[①]。也就是说，传统并非凝固为一个形式，其形式中所蕴含的意义和方法才是其精华部分。秉持着这一理念，岭南建筑师自然就不认同以被动式的"模仿""复制"来延续传统，而是鲜明地表达了对折中主义的反对立场，认为这是一种乞灵于历史、形式主义的创作方法。

从上述"继承地域文化传统"的论述来看，岭南建筑师的创作实践与其思想是一致的，用他们自己的话来说，就是"基于不同的建筑类型，不同的使用功能和不同的时间、地点、条件，在运用古典建筑的程度深浅、符号繁简等方面而有所区别"[②]。纵观其地域现实主义创作思想探索，移植和再造传统构件是其传承传统的一个必然阶段和起步阶段，每个地域、每位建筑师莫不如此。然而，他们并没有沉迷于此，而是很快就认识到这一方法的局限性，快速调整了创作思维，转而向传统建筑的空间及其意蕴进行探索。正是这一敢于自我否定

---

① 莫伯治，何镜堂.建筑创作中的民族形式问题.曾昭奋主编.莫伯治集［M］.广州：华南理工大学出版社，1994：214.

② 同上：215.

的勇气和行动，使得他们逐步走向了创新之路，在现实状况的基点上，始终坚持以基于新材料、新技术、新功能的现代建筑为本质内涵，从空间而不是形式上去探索与传统建筑的形神相通。并且，他们还清醒地认识到："借鉴传统只是创作的重要方法之一，而不是唯一的创作道路。立足现代，着意创新，才是我们的方向"[①]。

5.3.2 建筑风格是对地域文化心理的凝练和塑造

建筑既是地域文化的载体，也是地域文化的产物，还影响着地域文化的形成与发展，因此，它与地域文化紧密相关。由于地域文化具有范围性，具有与其他地域文化相区别的内涵，因此其建筑也是具有范围性的，并在形式上表现出与其他地域建筑的迥异。可见，建筑风格的创造离不开对地域文化的分析和思考。

但是，通过上节分析可以发现，岭南建筑师对地域文化的分析和思考，并不仅仅停留在文化的表象，以及如何传达和转化现有文化，而是就文化更潜在的心理进行捕捉，将岭南文化中朦胧模糊的、却又深深植人的意象挖掘出来，通过建筑表达加以具象化，总结出诸如简练通透的建筑形态、天然质朴的建筑材质、淡雅明快的建筑色调等形式规律，从而把握住岭南人的文化心理，创造出具有可读性并为岭南人所喜闻乐见的建筑风格。

同时，他们对于文化心理的凝练并不是一劳永逸的，而是认识到心理会随着时代的发展而变化，任何形式只是历史长河中的一个片段，成为时代的烙印，却不可能是时代永恒的主题。莫伯治就曾写作了一篇题为《现代建筑与超前意识》的文章，其中提到"对因袭的建筑形式有所突破，是时代发展的必然趋势"[②]，要做到突破形式的束缚，建筑师就必须具有超前意识，智烛机先，运用熟练的技巧，开创前人所未能达到的新境界。由此可以看出，他们是以动态的、发展的眼光来看待地域风格，甚至在把握住当下地域文化心理的同时，还提倡大胆地引导地域文化心理的发展走向，以全新的形式来沟通价值观念、文化心态、审美情趣、创作方法等"隐性因子"，塑造出符合地域文化心理、具有地域文化性格、引领地域文化走向的新建筑。

5.3.3 建筑风格的价值在于"文化认同"

尤为难能可贵的是，建筑的使用后评价一直是岭南建筑师创作思想中的一个重要部分。在功能现实主义创作思想探索阶段，他们以数据测量来检验创作

---

① 莫伯治，何镜堂．建筑创作中的民族形式问题．曾昭奋主编．莫伯治集［M］．广州：华南理工大学出版社，1994：216.

② 莫伯治．现代建筑与超前意识．曾昭奋主编．莫伯治文集［M］．广州：广东科技出版社，2003：267.

成效，而在地域现实主义创作思想探索阶段，其对文化的挖掘、风格的塑造，最终是以"文化认同"来进行检验。

莫伯治曾说道："建筑师在创作过程中，必须善于发现存在于人们中的对建筑空间美学表现的带有一定认同的意义，并透过个人技巧和建筑哲学，阐释成多色多样的艺术语言，塑造出为人们所喜爱的作品"[①]。他还在《梓人随感》一文中专门谈到了对"认同"的理解："建筑是人类存在的认同空间，是具有人类生存性格的客观存在空间。生存空间是人类从很多类似活动的现象中抽象出来的一般化现象，也可以说是知觉图式的相对稳定系统，是人类与其环境互动的结果"[②]。

显然，岭南建筑师已认识到一个问题，即建筑师个体挖掘和捕捉的文化心理特质究竟是否与真正的地域群体心理相一致？是否得到了地域群体的认同？是否能够被非本地域群体有效的识别？只有达到了这些标准，对地域文化的挖掘和塑造才称得上是成功的，而其价值也在此时体现出来。

这说明，在岭南建筑师的创作思想里，建筑风格并非单向的创作者与接收者之间的关系，而是两者之间的双向、互动关系，以及最终对接收者的关怀和期待，这也就不难解释为何岭南建筑师乐于援引公众所撰写的关于岭南现代建筑作品的诗歌，也不难解释为何岭南建筑师乐于见到公众在其建筑作品中接踵摩肩的景象了[③]，这一创作心理无疑正是岭南文化中重视公民大众与世俗生活的再现。

5.4　本章小结

本章是对岭南建筑学派创作思想展开论述的第二个部分，在该阶段的时代背景下，由于其创作思想集中关注于对地域文化的挖掘，因此以地域现实主义为题进行深入分析（图 5-20）。

首先，本书认为地域现实主义创作思想探索是内外多重因素合力的结果。应对气候、基地、经济等客观条件的适应性策略不断成熟，技术手法的逐渐升级和更新换代，国内建筑界对于"创造中国的社会主义建筑新风格"的倡导，岭南建筑师对于地域文化的研究，以及丰富现代建筑形式的自我认知等背景，从不同方面共同促成了岭南建筑学派创作思想的地域文化转向。

---

① 莫伯治. 梓人随感. 岭南建筑丛书编辑委员会编. 莫伯治集［M］. 广州：华南理工大学出版社，1994：32.

② 莫伯治，莫京. 岭南建筑创作随笔. 曾昭奋主编. 莫伯治文集［M］. 广州：广东科技出版社，2003：322.

③ 莫伯治在文章中曾以诗人谢韬的作品《故乡水——咏白天鹅宾馆大厅》来佐证"居之者忘老，寓之者忘归，游之者忘倦"的建筑认同意义。

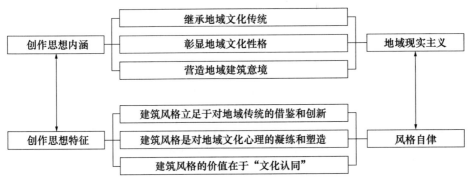

图 5-20   地域现实主义创作思想研究框架
图片来源：作者自绘

其次，揭示岭南建筑学派的地域现实主义创作思想主要表现出三个方面的内涵：一是继承地域文化传统，从移植和再造传统构件、承袭"散点式"布局、糅合传统与现代构成要素这三条思维路径展开；二是彰显地域文化性格，表现为简练通透的建筑造型、天然质朴的建筑材质、淡雅明快的建筑色调等形式特征；三是营造地域建筑意境，从注重"时间性"，到以"命题"引发想象，再到运用隐喻和象征等这三条思维路径展开。

最后，基于上述关于地域现实主义创作思想内涵的总结和分析，本书提出其在该阶段具有"风格自律"的鲜明特色，即地域建筑风格的创造并非是复制先验的、具有浓厚意识形态色彩的建筑形式，而是在每一个具体的建筑作品中，通过对现实要素的衡量、对地域传统的借鉴及创新、对地域文化心理的凝练和塑造来生成建筑风格，并且最终的价值在于创作者与接收者之间形成一种互动的双向关系——建筑风格的创造来源于"地域性"，而建筑风格的成功与否则取决于接收者所产生的"地域文化认同"。

第6章 文化现实主义创作思想探索

在地域现实主义创作思想探索阶段，岭南建筑师逐渐突破现代主义建筑的固有模式，融入地方文化和地方情感，以大批极具岭南特色的新建筑享誉全国。基于实践的基础，他们开始有意识地总结其设计构思和创作方法，并记述成文，如莫伯治和林兆璋就曾在《广州新建筑的地方风格》中归纳出岭南建筑风格的四种形式特征 ①。

然而，随着岭南风格的成功塑造，域内外建筑师对其进行的逐渐具象化的总结和概括，无形中极易引导创作思维走向"形式主义"，而一旦风格开始固化为一种形式，其原本所具有的对现实的反映和人的能动思考也就不复存在了。《再造岭南建筑的辉煌——1996 年广东省首届青年建筑师学术研讨会综述》②《创新后的困惑——岭南文化与岭南建筑》③《岭南建筑的特色哪里去了》④《岭南建筑是否已消失》⑤《不惑之年的困惑——评析岭南建筑的后劲》⑥等文章均详细记录了岭南建筑师及其相关学者在当时所发现的问题和进行的思考。

同时，外部环境也发生了巨大转变，出现了诸如建筑类型多样化、建筑技术复杂化、审美倾向多元化和跨地域建筑实践等许多新的现象和创作要求。面对这一局势，岭南建筑师没有故步自封，而是逐渐将目光从本土地域转向更广阔的空间范围：从对地域文化的挖掘转向对普适文化的探寻；从关注建筑的具体形式和创作手法转向建筑理论和创作思维的建构；从关注建筑的物质属性转向建筑的精神属性。针对这一突破地域屏障，以"大文化"的视野和

---

① 在文章中，他们认为岭南风格的建筑主要体现在 4 个方面：轻快、明朗、活泼、简洁的体型；争取良好风向、灵活而不呆板的布局；与庭园相结合的建筑；多种体量的组合。参见：莫伯治，林兆璋.广州新建筑的地方风格［J］.建筑学报，1979（4）：24-58.

② 刘业，陆琦.再造岭南建筑的辉煌——1996 年广东省首届青年建筑师学术研讨会综述［J］.华中建筑，1997（1）：55.

③ 高旭东.创新后的困惑——岭南文化与岭南建筑［J］.南方建筑，1998（2）：90-91.

④ 黄金乐，樊磊，童仁.岭南建筑的特色哪里去了［J］.南方建筑，1998（4）：17-18.

⑤ 蔡德道.岭南建筑是否已消失.杨永生.建筑百家评论集［M］.北京：中国建筑工业出版社，2000：66-69.

⑥ 郑振纮.不惑之年的困惑——评析岭南建筑的后劲.杨永生.建筑百家评论集［M］.北京：中国建筑工业出版社，2000：70-74.

胸襟进行创作思考的岭南建筑师,我们将这一阶段的探索称之为"文化现实主义"。

6.1 时代背景:全球化视野下的建筑新格局

改革开放后,国内的建筑创作环境开始发生根本性的改变。1985年,按国务院副总理万里关于"研究建筑创作千篇一律问题"的指示,中国建筑学会在广州组织召开了繁荣建筑创作学术座谈会,这是继1958年会议之后的第二次全国性重要会议,对于广开言路、繁荣建筑创作起到了极大的鼓励作用,可以说,中国建筑已经进入中华人民共和国成立以来建筑创作环境的最佳时期。1992年,邓小平发表南巡讲话,此后新兴的建筑设计市场进入了前所未有的快速发展轨道,由此而带来的困惑和危机也引发了建筑理论界的诸多反思。2001年,中国正式加入世界贸易组织,更进一步地融入了全球化的发展进程,无论是国外建筑师进驻中国所进行的创作实践或思想传播,抑或是中国建筑师走出国门所展开的平等交流,都预示着21世纪建筑观念、建筑艺术与建筑技术相互交流的质的飞跃。其间,中国建筑领域表现较为突出的三大脉络要数西方建筑思想和理论的引入、地域建筑的深入探索和中国现代建筑发展之路的探寻。

6.1.1 国外建筑师及其建筑思想的引入

中国的第一代建筑师,由于大多留学海外,因而对于西方的现代主义建筑思想并不陌生,他们当中许多人还对此有着深刻认识,并在中华人民共和国成立前的创作活动中主动探索起中国自己的现代建筑。中华人民共和国成立后,受总体局势影响,这一批建筑师尽管曾不时显露关于现代建筑的理想,但却难以付诸实践。而时值中年的新一代建筑师,绝大多数是在思想封闭的状态下成长起来的,未曾受过完整的现代建筑教育,甚至在1979年之前中国还没有一部完善的西方现代建筑历史的教科书。而在这几十年里,西方现代建筑正蓬勃发展,而且思潮涌现。国门打开之后,中国建筑师迫切地需要了解世界。

邹德侬在《中国现代建筑史》中详细地记述了这一时期国内引进建筑思想的工作,主要包括:翻译引进国外著名建筑师系列丛书及其理论著作、陆续创办诸多新的建筑学术期刊、邀请国外建筑师进行建筑创作等。

出于极大的学术热情,当时所出版的《建筑文库》《国外著名建筑师丛书》《建筑理论译丛》等著作都具有较高的学术水准,不仅包括经典现代建筑理论,而且还有后现代建筑理论,并涉及了当时的热门话题,如建筑"符号"、建筑"体验"等。这些理论著作的出版,打破了以往传播国外建筑思想的禁忌,为客观、全面地认识现代建筑创造了有利条件。

在学术期刊方面，《建筑学报》《建筑师》《世界建筑》等为建筑师和学者们提供了更多的学术平台。1978 年，作为权威刊物的《建筑学报》发出了《加强中外建筑界的学术交流》的呼吁，在解除束缚、广开思路、交流思想、繁荣创作等方面，起到了良好的作用。

除了从理论著述中去了解国外建筑理论，将国外知名建筑师"请进来"，当更能直接体验和感受其建筑思想，从某种程度上说，这比引进国外理论的意义更为重大。贝聿铭是活跃在西方建筑界的知名建筑大师之一，也是当时唯一一位有着深厚中国传统文化根底的华裔建筑师，1979 年他受中国之邀接下了香山饭店的设计任务。结合当时的创作环境不难想到，邀请贝聿铭的原因不仅在于他是一位华裔建筑师，而更在于当时的中国建筑师期望通过他了解西方建筑，进而为中国现代建筑的发展明晰方向。1982 年，香山饭店落成，贝聿铭将中国传统园林符号式地引入到现代建筑的手法引起了中国建筑师的热烈讨论，这一时间段里，仅仅在《建筑学报》这一个刊物上发表的相关论文就达12 篇之多，对于香山饭店的评价也褒贬不一，其探讨对象从建筑形式到建筑创作中的外部影响因素，无所不包。可以说，香山饭店开启了新时期中国建筑师对于中国现代建筑的思索，也同时给中国建筑师带来了思想上的冲击与竞争意识。

其后，国外建筑师的创作陆续引入，中国建筑师不仅能更快速地体验到先进的建筑理念和设计手法，而且还能在与国外建筑师合作中切实提高自身的水平。但同时，其负面影响也逐渐显现。首先，国外建筑师的水平参差不齐，在部分人"媚外"心理的作祟下，许多地方重要的标志性建筑往往不分实际地落到国外建筑师手中，减少了中国建筑师的实践机会。其次，在市场经济主导下，许多业主和建筑师盲目地追随国外风潮，带来了"形式本位"问题，其进行的形式拼贴和模仿使建筑创作落入了媚俗的窠臼。

经过 40 多年的改革开放，中国已逐渐融入世界。大量国外建筑思想的引进，为中国建筑师带来新鲜养分的同时，也造成了其前所未有的挑战局面。尽管在信息层面中国建筑界或可说已与国际思潮同进退，但在创作思维、建筑技术等实际操作层面还存在着不小的差距。如何赶上世界的先进水平，是努力仿效、奋力追随，还是另辟蹊径、走出特色？幸而，中国建筑师以实际行动表明了自己的态度，坚持多年的地域探索之路从未中断，而且更加坚定与执着。

6.1.2　国内地域建筑的深度探索

全球化与地域性是一种具有张力的关系，位于同一维度的两极，往往呈现出强化或弱化的高度同步性。事实上，早在 1930 年代现代建筑引入之时，中国对于全球化的对抗就开始了，"中国固有式"建筑的出现就是为了树国家之形象、壮民族之信心。中华人民共和国成立后，与主流建筑思想相并行的地域建筑探索，曾连续在1950年代、1960年代、1970年代掀起过三次热潮。其中，正如上文所述，岭南建筑创作因为地缘优势之故曾多次成为瞩目的焦点，为推动地域建筑的发展起到了积极的作用。

到了1980年代，地域建筑再次汇聚成一股大潮，在思想多元、形式多样的时代背景下，开启了新时期的寻根之路。总体来看，从这一时段开始，地域建筑的探索逐渐显露出如下新的特征：

1. 在实践的空间范围上，出现了从边缘地域扩展至大城市的趋势。1980年代以前，由于主流建筑思想的控制，大城市中的建筑实践多随主流思想而动，出现了全国性的统一状态，因而地域建筑实践只有在较为偏远、受政治力量影响较小的地域展开。值得指出的是，尽管岭南地区也有广州这样的大城市，但终究远离中原政治文化腹地，且作为当时唯一与外界保持着不间断交往的区域，故地域建筑创作得以有相对宽松的环境。1980年代以后，随着社会思潮的变化，以北京菊儿胡同、丰泽园饭店、南京大屠杀遇难同胞纪念馆、梅园纪念馆、龙柏饭店、白天鹅宾馆等为代表的标志性建筑纷纷在北京、上海、南京、广州等地落成，表现出地域建筑向主流迈进的姿态。同时，作为发展的风向标，地域建筑在大城市的挺进也促成了其在更大范围的扩展，江浙、福建、新疆、川陕等地也都纷纷创作出一批带有浓郁当地地域特色的建筑作品，从整体上推动了地域建筑的发展。

2. 在建筑类型上，出现了从以旅馆建筑为主到多类型建筑发展的趋势。改革开放前，国内社会生活和经济发展均受到限制，在经济条件的严格限制下，只有与国家形象相关的建筑创作能够得到较大力度的支持，旅馆建筑作为接待外宾的必要场所，也成了除政府公共项目之外的一个重要建筑类型。在这一时期，北京、上海、广州等大城市均有标志性旅馆建筑落成，但其中具有突出地域性特色的，仍以广州为中心的岭南建筑创作为代表。由此缘故，中国建筑学会和中国建筑科学研究院将1977年的旅馆建筑设计经验交流会选址于广州，并在会后出版了《旅馆建筑》一书。改革开放后，在旅馆建筑带头探索新设计观念的同时，体育建筑、交通建筑、科教建筑、博览建筑、高层建筑、工业建筑、住宅建筑等纷纷涌现，既满足了日益增长的社会文化需求，也呈现出"百花齐放"的社会意识状态。

3. 在创作理念上，出现了从继承到超越的发展趋势。地域建筑创作初期，往往以复制模仿为主要手段，从建筑形式上去体现与地域传统建筑的直接关联。随着认识的逐步加深，建筑师愈发地表达出明确的现代性追求，在创作手法上出现了从符号象征到形式抽象、从装饰表现到材料表现的转向，预示着其思考开始发生从形式到本体的转变。其次，建筑师对技术的重视更加强烈，除了关注地域传统建筑中的乡土低技，还注重引进新的科学技术，以共同实现建筑的可持续性发展。再次，地域建筑实践的成果被逐渐引入城市中心，如基于中国传统园林的城市景观设计，对于提升城市质量、革新城市形象都具有积极的意义。

4.在创作手法上，现代艺术观念逐渐介入到地域建筑的创作。过去，由于东、西文化背景的差异和长期的意识形态对立、隔绝，中国建筑师对于西方的现代艺术十分陌生，因而在创作中极少像西方现代建筑大师那样出现艺术的身影。随着各类文化思潮、艺术思潮的涌入，建筑师的艺术视野得到了极大的扩展，除了在创作中运用其他艺术强化建筑表现，如雕塑、绘画等，还逐渐从其他艺术学习创作手法，出现了如南京大屠杀纪念馆这样的有机抽象手法，为地域建筑注入了新的活力，表现出质的飞跃。

通过上述分析可以看出，新时期的地域建筑探索，显示出更加主动和开放的心态。但是，高速发展的社会经济在为建筑创作搭建舞台的同时，也对其产生了某些负面影响，客观面对实践所取得的成就和不足，从理论上进行反思和提升，成了有识之士自觉承担的责任与义务。

6.1.3　中国现代建筑发展之路的探寻

中国现代建筑始于西方建筑思想的引入和启蒙，中国的建筑学科体系也参照西方建筑学科体系而建立，尽管回归地域、回归乡土是寻找自我的一种方式，但作为有着悠久历史、地大物博、民族众多的一个国家，何以有属于自己的、体现国家整体形象的、展现大国精神的现代建筑？这是中国建筑师长期以来的努力方向。改革开放前，建筑思想受意识形态影响极深，颇受后人诟病。改革开放后，自由的学术环境让建筑师重拾起对于寻找中国现代建筑发展之路的信心。

1984 年，"现代中国建筑创作小组"在云南昆明召开成立会议，23 名成员共同讨论并确立了"现代中国建筑创作小组"名称、《现代中国建筑创作研究小组公约》和《现代中国建筑创作大纲》。1986 年，"当代建筑文化沙龙"在北京成立，召集人顾孟潮和王明贤在《当代建筑文化沙龙的心愿》一文中说："我们想从文化的广阔角度，探索建筑理论的前沿课题及基本理论和应用理论；我们主张兼容并蓄，我们相信，文化的基本理论是相通的，我们将进行跨学科的文化交流，拓展思维空间。我们希望首先能在探索建筑文化的价值观、方法论及其本体结构内容方面有所突破"[①]。

显然，这一批刚刚获得思想解放、言论自由的中国建筑师极其敏锐地捕捉

---

① 中国美术报 . 1986（41）：第 4 版 .

到了理论发展的渴望和需要，但仅仅几年时光的积累还尚不足以发展出成熟的理论体系，为此，选择与志同道合的人相结盟、选择特定的发展方向作为理论突破点，这是中国建筑师们最为明智的行动和决定。同时，这类民间建筑团体的结盟，不仅提供了理论探讨的机会和平台，还为建筑理论的传播壮大了队伍和声势。

现如今，"现代中国建筑创作小组"已发展成为每年一届的"当代中国建筑创作论坛"，而"当代建筑文化沙龙"也由"全国建筑与文化学术讨论会"接班。在这些学术团体的集合和推动力量下，多个建筑理论体系依次提出，涌现出诸如吴良镛的"广义建筑学"、钱学森的"建筑科学思想与山水城市理论"、彭一刚的"建筑空间组合论"、何镜堂的"两观三性"建筑理论、侯幼彬的"系统建筑观"、张钦楠的"具有中国特色的建筑理论体系"……分别从创作手法、创作理念、建筑文化、建筑学科、建筑哲学等不同角度展开理论分析并寻找对策，其最终理想都是寻找到一条适宜中国的现代建筑发展之路。

6.2　文化现实主义创作思想内涵

建筑不仅具有科学属性和社会属性，同时作为一门艺术，它还具有丰富的人文属性。岭南建筑师尽管在创作中具有立足现实矛盾、直面现实问题、实现现实目标的务实性特点，但事实上，如前文所述，即便是在物资短缺、技术落后、投资不足的早期，岭南建筑师都没有放弃对人文理想的追求，而是竭尽全力地运用巧构妙思实现文化表达的最大化。如今，技术的迅猛发展、国家经济实力的不断提升，客观上都为建筑创作提供了极大的物质保障，建筑师得以有更大的创作空间去挖掘建筑的深层意义。

在文化现实主义创作思想的探索阶段，岭南建筑师表现出对建筑"整体性"、建筑"文化创新"以及建筑创作中的"人"这三方面的重点关注，表现了其思想境界上的深化和提升。

6.2.1　重视建筑的时空整体性

6.2.1.1　建筑的空间整体性

岭南建筑师在这一时期所表现出的创作思想，已不仅仅关注于建筑单体，而是将视野扩大到整个城市的层面，将建筑视为城市的一个组成部分，从城市空间上去进行整体的规划、研究和创作。

何镜堂认为，当代建筑师应当具有整体观念。针对过去建筑师常把注意力集中在单体建筑而不是城市整体的现象，他进行了批判。他说："就单体建筑而言，从承建商或业主的角度，常常片面地提出所谓'标志性建筑''50 年不落后'的要求，而建筑师对如何创作有特色的建筑也缺乏深刻的认识，或投其所好，或标新立异，造成一个城市或一个街区每栋新建的房子都要当'主角'，结果造成城市风格混杂，原有的城市特色逐渐消失，城市的肌理和整体空间序列遭到破坏。这种教训，在岭南地区大规模城市化建设过程中屡见不鲜。为了解决这些问题，迫切要求建设者们从城市整体环境入手，综合规划、景观、建筑等多方面的知识，系统地由整体到局部进行设计，在创造具有时代特色建筑的同时，不忘尊重地域特点，创造一个整体优化、适宜人居的建筑环境"①。

　　这一整体性思想如实地应用到了何镜堂的建筑创作当中。例如，在侵华日军南京大屠杀遇难同胞纪念馆扩建工程（图 6-1）的创作构思中，何镜堂考虑到周边环境已与 1980 年代的城市环境有了巨大的差异，高楼大厦、广告牌和车水马龙等都会破坏整个建筑庄重肃穆的纪念性氛围，因此他们在创作中采用了清水混凝土墙体、缓降式草坡等元素来隔绝外部干扰，并为建筑内部创造出更多的绿化空间。此外，建筑师还积极介入到周边的城市规划和建筑创作中，在何镜堂的建议下，有关部门拆除了部分原有建筑，降低了部分在建建筑的高度，调整了部分在建建筑过于浓烈的立面色彩，减少和消除了这些最不利的因素②，使城市空间与纪念馆建筑更为和谐、包容。

图 6-1　南京大屠杀遇难同胞纪念馆扩建工程建筑与城市的整体关系
图片来源：《何镜堂建筑创作》，华南理工大学出版社，2010.

① 何镜堂.当代岭南建筑创作探索.何镜堂文集［M］.武汉：华中科技大学出版社，2012：25-26.
② 何镜堂.突出遗址主题 营造纪念场所——侵华日军南京大屠杀遇难同胞纪念馆扩建工程学术研讨会.何镜堂文集［M］.武汉：华中科技大学出版社，2012：110.

又如在广州市越秀区解放中路旧城改造项目中（图6-2），建筑师站在城市文脉的角度确立了"融入岭南城市肌理"的设计定位，通过保留原有建筑立面造型，嵌入在比例尺度、组织划分、纹样色彩等方面与原有建筑相一致的，且由钢、玻璃、木百叶等材料建成的新建筑中，这既保护了原有建筑的文化价值，也注入了新的时代活力，更重要的是，新旧建筑的围合形成了丰富多彩的"街道——广场"空间体验，成为了城市空间的一道独特风景。

图6-2　广州市越秀区解放中路旧城改造项目与城市的关系
图片来源：《何镜堂建筑创作》，华南理工大学出版社，2010.

实际上，岭南建筑师对于空间整体性的重视由来已久。林克明晚年在《建筑教育、建筑创作实践六十二年》一文中就总结到："从多年的建筑创作实践可以看出，我的设计指导思想随时代的不同而变化。其中最重要的是我一贯主张建筑创作要重视环境设计，建筑创新要面对事实，要同环境协调，重视群体观念"[1]，直接表达出对空间整体性的重视。

而关于林克明的建筑作品，尽管许多后人认为其分别呈现出的"中国固有式"、现代主义和"社会主义内容、民族形式"三种不同形式倾向表现出他在创作手法上的复杂性和矛盾性，并认为这是受时代和长期政治生涯影响的结果[2]。但林克明对此却非常坦然："建筑是一种人为环境，经过人选择过的自然环境，它同时也是构成大环境中的一个组成部分。大环境具有时间、空间、人文等多元多层次的特性，在开始工作时，要详细分析当地的各种环境条件，找出其中起主导作用的要素，这就是所谓的因时、因地、因人而制宜。利用当时

① 林克明．建筑教育、建筑创作实践六十二年［J］．南方建筑，1995（2）：54.

② 刘虹．岭南建筑师林克明实践历程与创作特色研究［D］．广州：华南理工大学，2013.

当地的环境条件，找到创作构思的立足点，就能较好地解决建筑与环境如何配合的问题"①。可见，无论是选择传统风格，还是选择现代风格，建筑单体的造型并非是其创作构思的首要出发点，处理城市的空间关系才是建筑创作中最重要的任务。

林克明在晚年曾一一回顾了是如何从城市空间的角度进行设计构思的。如谈及广州中山图书馆的设计构思时，他就考虑到"为了和中山纪念堂的建筑形式相配，确定为用古典大屋顶的形式"②。到了广州市府合署设计的时候，他考虑到建筑基地处于广州市中轴线上，中山纪念碑和纪念堂是中轴线的重点，而市府合署是属于配角的定位，且必须与这种独特的环境条件相协调，因此决定了市府合署应借鉴传统建筑形式，但在体量、高度和色彩等方面的处理又不同于中山纪念堂。中华人民共和国成立后，出于陪衬、烘托中山纪念堂的考虑，广东省科学馆的设计再次启用了大屋顶的建筑形式，其与纪念堂、市府合署等形成一个完整和谐的建筑组群③（图 6-3）。

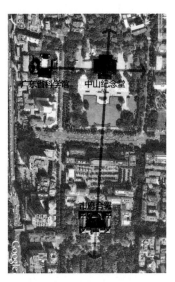

图 6-3　广州中轴线上几座重要建筑的相互关系
图片来源：改绘自 google 航拍图

林克明早在岭南风格的讨论时就提出："在一个地区前后时期的风格可以是不一致的，我们亦不必强求一致，前后时期不同的式样，并不妨碍地方风格的成长，相反，建筑创作能够适应客观的要求逐步改进，正是革新地区建筑面貌的表现。即使同一个建筑师的创作，由于思想认识的逐步提高，客观条件前

① 　林克明 . 建筑教育、建筑创作实践六十二年［J］. 南方建筑，1995（2）：51.

② 　林克明 . 世纪回顾——林克明回忆录［M］. 广州：广州市政协文史资料委员会编，1995：12.

③ 　林克明 . 建筑教育、建筑创作实践六十二年［J］. 南方建筑，1995（2）：47-48.

后时期之不同，创作方法亦会有所改变。有人说，建筑师的手法是不能改变的。我认为这种看法是不对的。建筑师应然打破框框不受到公式化的限制，具体反映客观实际和思想内容，任何手法都是可以改变的"①。可见，如果仅仅着重于从形式来分析林克明的建筑作品，难免会流于表面而有所偏颇。事实上，从求学之初到持续了60多年的职业生涯，"空间整体性"一直是林克明建筑思想的核心，并逐渐扩充至包含着自然环境、城市环境、社会环境、经济条件、时代背景等多重因素共同交织的"大空间"。用他自己的话来说："建筑的现代化，不单需从个体建筑考虑，而且要从环境的角度，从量大面广的居住区、商业区或整个城市着眼"②。显然，从"整体空间"出发才是他所认同的真正的现代建筑观，这也可作为岭南建筑学派文化现实主义创作思想的注脚。

6.2.1.2　建筑的时间整体性

建筑是当下即时的产物，但是，岭南建筑师并不仅仅满足于"就事论事"的实现当下的功能需求，而是逐渐站在时间的纵横交织上，期望以当代的建筑沟通历史与未来。

莫伯治在《我的设计思想和方法》一文中就指出，"对历史文化的沟通"是他在建筑创作中着重探索的重点之一。在莫伯治看来，建筑作为一门艺术，不能割断与历史文化的衔接和关联。具体到创作手法上，莫伯治没有将视野局限在本地域的历史、本民族的传统，而是认为世界古典建筑文化皆可为我所用，从中找到不同地域、民族的建筑历史文化表达的共性，从而得到沟通的途径。莫伯治在文中以西汉南越王墓博物馆为例，指出在其创作构思中既参考了"威尼斯宪章"对于遗迹与新建筑的构造原则，又在形式上借鉴了汉代石阙、汉代墓室、埃及阙门、雅典卫城等中西古代建筑文化符号，共同糅合而成符合中外古典纪念性建筑庄重、浑厚、沉着、雄劲的特质③（图6-4）。

何镜堂也指出历史传统对于建筑艺术的重要性，但他并不赞同原封不动地照搬历史样式。何镜堂认为，"对待传统建筑文化，不能以静态的观点去观察，而要以动态的、发展的眼光看问题。应努力寻求传统文化与现代生活的'结合点'，不断探索传统建筑逻辑与现代建筑逻辑、传统技术与现代功能、传统审美意识与现代审美意识等的结合方式……深入发掘传统建筑文化的合理内核并加以运用"④。

---

① 林克明.关于建筑风格的几个问题——在"南方建筑风格"座谈会上的综合发言［J］.建筑学报，1961（8）：3.

② 林克明.建筑教育、建筑创作实践六十二年［J］.南方建筑，1995（2）：51.

③ 莫伯治.我的设计思想和方法.莫伯治文集［M］.广州：广东科技出版社，2003：224-225.

④ 何镜堂.当代岭南建筑探索.何镜堂文集［M］.武汉：华中科技大学出版社，2012：27.

图 6-4　西汉南越王墓博物馆
图片来源：作者自摄

显然，岭南建筑师对于历史皆有着相似的认识，即建筑不可断绝与历史的关联，但建筑也不能照搬历史。更为重要的是，建筑创作应不受历史的束缚，或可打开视野，或可融汇创新，最终，历史是为当代生活服务的，而非建筑创作的桎梏。

与此同时，岭南建筑师还不忘面向时间轴向上的另一端——未来。

莫伯治在《现代建筑与超前意识》一文中就谈到了超前意识的重要性。莫伯治说："建筑师如果能智烛机先，运用本身熟练的技巧，就有可能在创作上达到前人所未能达到的境界"[①] 但由于主要从建筑美学出发，因此他深入展开论述的重点落在了有机建筑、钢结构、新古典主义建筑、解构建筑等风格和形式上。

何镜堂则是从可持续发展的层面，提出了建筑未来的发展趋势。当今时代，科学技术正处于迅猛发展的阶段，与此同时，日益受到能源、污染等威胁的人居环境又在为我们敲响节能环保的警钟，可持续发展的理念成为时代的呼唤。因此，何镜堂认为可持续发展就是要"促进人与自然的协调，科技与人文同步发展"。在人与自然的关系上，城市规划和建筑设计要倡导生态优先原则，保护自然生态环境，运用节地、节水、节能、节材的技术和措施，并且在发展节能、低碳环保新技术的同时，更多注重当地适宜技术的挖掘和应用。

具体到建筑创作，何镜堂已经将一些绿色生态技术运用到建筑中。例如，2010 上海世博会中国馆的设计中就充分运用了最先进的科技成果。首先，国家馆的形体本身就是一个自遮阳体形（图 6-5），在上海 5 月至 10 月除早晚外，

① 莫伯治. 现代建筑与超前意识. 莫伯治文集［M］. 广州：广东科技出版社，2003：267.

其余时段阳光均无法直射室内，而在较冷季节则相反，室内能享受到充足的阳光，很好地满足了节能要求；其次，四根立柱下面的大厅是东西南北皆可通风的空间，无论任何时节的展会，均可享受到自然通风带来的舒适环境；再次，屋面由于安装了太阳能电池方阵，完全能够供给地方馆屋面水循环系统、水喷雾系统设备以及部分展厅照明用电；最后，地方馆屋面的流动水膜、绿化屋面及喷雾系统可以大大降低室内及架空层空间的温度，雨水收集系统还能充分利用自然降水，冰蓄冷技术能实现用电的移峰填谷[1]。这些设计，不论从文化还是技术上都体现出生态、节能、环保的理念。

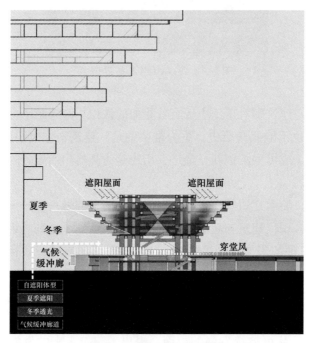

图 6-5 中国馆节能分析

图片来源：《2010 上海世博会中国馆》，华南理工大学出版社，2010.

但是，绿色技术并非是面向未来的唯一要素。何镜堂已认识到，过分注重技术又会滑向另一个极端，即导致冰冷而缺乏人情味的建筑环境。所以，他提出要同时重视文化的传承，在建筑中延续文脉，表达文化的内涵和特色，走资源节约型、环境友好型、有中国文化特色的发展道路[2]。

6.2.2 以"文化"为核心的建筑创新理念

锐意进取的岭南建筑师以实际行动证明了对于建筑创新的重视和探索。何

---

① 何镜堂. 东方之冠——2010 上海世博会中国馆创作研究. 何镜堂文集［M］. 武汉：华中科技大学出版社，2012：99-102.

② 何镜堂. 何镜堂文集［M］. 武汉：华中科技大学出版社，2012.

镜堂曾一语中的地指出："创新是建筑的灵魂"①，并且认为建筑创新首先是体现在创作思想上，进一步才是体现在创作的各个具体环节中。其中，岭南建筑师极为重视以"文化"作为建筑创新的突破口。

6.2.2.1　重视建筑的精神内涵与文化品格

首先，岭南建筑师在创作思想和意识上树立了对于建筑文化的重视。

莫伯治在晚年谈到自己创作思想的时候，说道："我在建筑创作中强调地域特色，也注意现代主义的引进，并且始终坚持着，这无疑是正确的。但是，艺术本身的发展和观念的创新决不应停止在一个水平上。……建筑的功能以及材料、结构的规定性是不可忽视的，但是，建筑的形式表现在不同的作品中却存在着多样性和创新的可能性。在某些建筑作品中，其形式和形象被赋予特定的思想内容并给人们带来一定的联想，不仅是可能的，而且是艺术多样化的合理要求"②。莫伯治将其晚年的创作思想称之为"新表现主义"，即以建筑形式来表现精神内涵与文化品格。姑且不论从形式来表达文化的理念是否符合现代建筑观，但无疑展现出他期望在建筑文化上有所突破和创新的设计观念。

何镜堂更是将建筑的"文化性"放到其建筑思想的核心地位。何镜堂认为："一座优秀的建筑，其精神内涵的作用常常超越功能的本身，大凡精品，都能传译一定的精神内涵，是有很高文化品位的建筑。……一般而言，建筑的文化性是对一座建筑相关特点和品质的最高概括"③。由此可以看出，何镜堂对于文化性的极大重视，并将文化性作为评判建筑创作水准高低的一项重要标准。

6.2.2.2　文化研究与建筑创作的互助模式

在重视文化的创作思想引导下，岭南建筑师逐渐发展出文化研究与建筑创作互助的模式。

如莫伯治就曾在岭南画派纪念馆、红线女艺术中心、梁启超纪念馆、广州艺术博物院等建筑的创作前期，进行了相当深入的文化研究（图 6-6）。不论是岭南画派的艺术地位、手法特点、思想主张，还是戏剧艺术的舞台效果、声音特色、服饰特色，抑或是梁启超的生平及思想、岭南艺术的文化与精神，都可见于其创作构思的分析中，并对建筑的形式创造起到了极大的启发作用，实现了文化研究与建筑创作的有机整合④。

---

① 何镜堂 . 建筑师的创作理念、思维与素养 . 何镜堂文集［M］. 武汉：华中科技大学出版社，2012：8.

② 莫伯治 . 建筑创作的实践与思维［J］. 建筑学报，2000（5）：49.

③ 何镜堂 . 基于"两观三性"对的建筑创作理论与实践［J］. 华南理工大学学报（自然科学版），2012（10）：15.

④ 莫伯治 . 莫伯治文集［M］. 广州：广东科技出版社，2003.

a　　　　　　　b　　　　　　　c　　　　　　　d

图 6-6

a—岭南画派纪念馆；b—红线女艺术中心；c—梁启超纪念馆；d—广州艺术博物院

图片来源：作者自摄

在更进一步的研究中，根据相当数量的实践经验，何镜堂总结出了建筑文化性格的选择模式。何镜堂认为，建筑好比人一样，具有一个基本的"性格"，它是形成建筑创作构思的起点，决定了建筑的文化发展方向，由于影响其文化性格的因素众多，可归纳为事件主题、场地环境、历史文脉等几大切入点[1]。

具体而言，事件主题即针对某一特定主题性事件而建的建筑场所，通常这类建筑具有较明确的文化指向。如突出沉重、悲怆氛围的侵华日军南京大屠杀遇难同胞纪念馆扩建工程、展现大国崛起的 2010 上海世博会中国馆、纪念生命逝去的映秀震中纪念地等建筑。以侵华日军南京大屠杀遇难同胞纪念馆扩建工程的创作为例，建筑师在创作前深入了解项目所在位置的城市空间环境、原有建筑设计构思和现状、国内外纪念性建筑设计特点、南京大屠杀事件影响等多方面因素，最终确立了"战争—杀戮—和平"的主题序列，并以"断刀—死亡之庭—铸剑为犁"为相对应的建筑空间意象[2]（图 6-7），进而在这一大的文化性格下运用具体的手法展开创作。

面对主题事件并不突出的建筑，何镜堂认为还可从建筑自身的地点出发去寻找文化线索。如乐山大佛博物馆、宁波帮博物馆等，通过挖掘地域自身的文化传统和特色，表现出适宜于地域和环境的建筑文化形象。以乐山大佛博物馆为例，建筑坐落于著名旅游景点内，枕山傍水环绕在良好的自然生态环境中，建筑师由此确立了"山体还原"和"山体契合"的生态原则，甚至利用原有山体作为其中最重要的公共展厅的一侧墙体。在建筑形体上，建筑师借鉴了当地的汉代崖墓，以简洁有力的几何体组合嵌入自然环境中，既隐含了对环境、文化的呼应，又表现出这一世界文化遗产的巍峨气象[3]（图 6-8）。

① 何镜堂，海佳，郭卫宏．从选择到表达——当代文化建筑文化性塑造模式研究［J］．建筑学报，2012（12）：100-101.

② 华南理工大学建筑设计研究院 编．何镜堂建筑创作［M］．华南理工大学出版社，2010：88.

③ 陶郅．文化博览及观演建筑创新设计之路［J］．南方建筑，2009（5）：16.

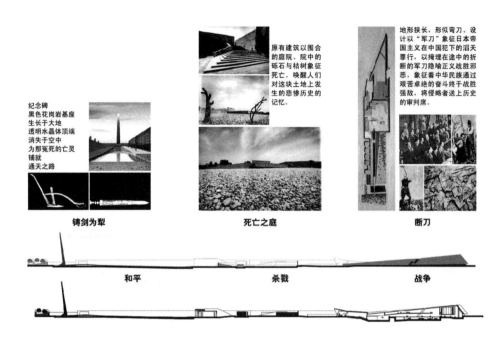

图 6-7　侵华日军南京大屠杀遇难同胞纪念馆扩建工程设计构思

图片来源：《何镜堂建筑创作》，华南理工大学出版社，2010.

图 6-8　乐山大佛博物馆总平面与实景照片

图片来源：《文化博览建筑》，华南理工大学出版社，2012.

　　此外，还有以历史文脉为切入点，即从历史传统中得到领悟和启发，创造性地进行新的文化定位。以天津博物馆为例，创作团队深入解读天津的城市历史，发现天津是作为天子渡河之津的"窗口"地位，并结合天津在 21 世纪中国城市发展中的重要地位，确立了"世纪之窗"的文化主题。建筑师指出："这是回顾天津设卫建城 600 年的文明之窗，再现中华百年看天津的历史之窗，展望天津美好前景的未来之窗"[①]（图 6-9），并在此基础上从各个方面突显这一文化主题。

────────────

① 何镜堂，郭卫宏，吴中平，郑少鹏 . 构筑"世纪之窗"天津博物馆设计［J］. 建筑学报，2010（4）：32.

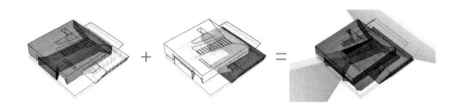

作为博物馆核心空间的"世纪之窗"

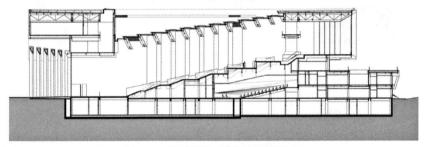

图 6-9　天津博物馆设计主题分析

图片来源：《文化博览建筑》，华南理工大学出版社，2012.

通过诸多例子可看到，当代岭南建筑学派的创作愈发地体现在文化思考的深度和广度，这一转变不仅以其一本又一本的文献搜集、文化研究文本为成果，更重要的是，这一系列文化研究有了切实的用武之地。在与建筑创作的互助结合中，文化研究发挥了更为积极的现实作用，建筑创作也因此得以有丰厚的文化根基，展示出更加生动的建筑形象。

6.2.2.3　建筑文化的表达方式

当建筑创作形成一定的文化性格之后，岭南建筑师认为可从场地个性、空间叙事、形式抽象、界面表达、城市共融等 5 个方面表达建筑文化[①]。

所谓场地个性，"特指与建筑文化内涵塑造及表达密切相关的场地特殊性……尤其是一些看似'不利'的制约性因素，若能加以分析和巧妙转化，反而会成为建筑文化性表达的'触发点'"[②]。以烟台文化广场为例，狭长地块原本造成了建筑的局促和紧张，但通过折板穿插、柱廊架空等手法，不仅构成了"长平流雾，烟绕云台"的文化意象，还以底层架空提供了大面积的市民活动空间[③]。

空间叙事是现代建筑创作中较为重视的一种文化表达手法。值得一提的

---

① 何镜堂，海佳，郭卫宏．从选择到表达——当代文化建筑文化性塑造模式研究［J］.建筑学报，
　　2012（12）：100-103.

② 同上．

③ 华南理工大学建筑设计研究院 编．何镜堂建筑创作［M］.广州：华南理工大学出版社，2010：150.

是，在早期关于现代主义建筑思想的传播中，岭南建筑师并未突出空间对于现代建筑的重要性，这与当时的社会状况是紧密不可分的。随着现实主义探索的不断加深，他们逐渐认识到用空间来表达文化的重要性，如佘畯南就提出过"六度空间"的理论。佘畯南认为，建筑创作应当把人的活动与建筑的几何三度空间作为一个整体去进行构思，这样扩大了我们思维活动的领域，形成了第四度空间；再将四度空间与周围事物如动植物、水石景、声、光、色、时令季节等结合，丰富了建筑空间构图，从而以人的意志塑造出一个实体的第五度空间；最终，这个动态的实体空间反映到人的头脑里，塑造了思想感情，这是一个称之为意境的第六度空间。第六度空间没有固定的界限，其深度、广度都取决于创作的才华和人的感受程度①（图 6-10）。显然，这一"六度空间"理论已经超越了建筑创作的实体层面而进入到建筑审美的精神层面，并且其"六度空间"的递进关系与著名美学家李泽厚提出的"悦耳悦目、悦心悦意、悦神悦志"的审美三层次有着异曲同工之妙，涵盖了人从低级到高级的多层次需求。

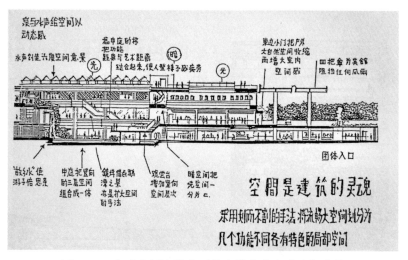

图 6-10　佘畯南标注的白天鹅宾馆室内六度空间意境
图片来源：《佘畯南选集》，中国建筑工业出版社，1997.

　　而更早在夏昌世与莫伯治进行的岭南传统庭园调查中，他们就详尽地分析了庭园的空间结构，指出庭园的外围空间、建筑空间和内院空间，是通过建筑、水石和花木等各种景物的组合而实现的，具体有采用空间分隔、渗透、因借、对景等手法来实现"流动"的状态②。

　　1984 年，莫伯治写作完成了《中国庭院空间的不稳定性》和《中国庭园

---

① 佘畯南.建筑——对人的研究——谈建筑创作基本功及建筑师的素质［J］.建筑学报，1985（10）：3.

② 夏昌世，莫伯治.岭南庭园.莫伯治.莫伯治文集［M］.广州：广东科技出版社，2003：68-71.

空间组合浅说》两篇文章。前者指出，相对于庭院空间的"凝固性"，"不稳定性"才是庭园空间内在的、本质的东西，其特点在于给人以活泼流畅、摇曳生姿的感受。莫伯治的文章按照 5 种空间构成上的对比关系展开：里外关系、此彼关系、藏露关系、上下关系、真幻关系，这些详尽地展现了传统庭园及其所创作的现代园林建筑中的虚实相生、变幻无穷的创作手法和审美体验①。在后文中，莫伯治又从纵向上的空间序列展开，分别论述了规则性（渐变性）和不规则性（突变性）两种组合方式，提出了庭院空间组合是具有时间性的"四维空间"概念②，成为其诸多结合岭南庭园的现代建筑创作的理论化代表成果。

现如今，何镜堂在侵华日军南京大屠杀遇难同胞纪念馆扩建工程的设计构思中这样写道："我们认为，这项扩建工程重要的不只是设计建筑，而是要营造一系列纪念的场所，形成突出的场所精神，以基地曾经承载的惨绝人寰的杀戮、无辜遇难者的悲愤以及后来者的凝重思索构成场所精神最突出的内容"③。在这里，何镜堂引入了建筑现象学中的"场所精神"概念，表明了建筑师愈发关注建筑于人的精神意义和价值，也表现出建筑师寄予空间在文化上更加综合和立体的厚望。在这一空间理念引导下，无论是侵华日军南京大屠杀遇难同胞纪念馆扩建工程中以"战争、杀戮、和平"为主题的空间序列，还是天津博物馆中经过"重门叠涩"的逐级放大、升高的"时光隧道"空间序列，抑或是映秀震中纪念馆以地殇、崛起、希望为主题的空间序列（图 6-11），均旨在为人的精神感官提供一个审美场景，有助于人的情感和道德升华，领悟到超越时空的深远意境。

图 6-11   映秀震中纪念馆设计构思分析：主题与场所精神
图片来源：《文化博览建筑》，华南理工大学出版社，2012.

第三种方式是形式抽象，并表现出从具象的符号抽象向隐含的形式抽象转化的趋势。如在侵华日军南京大屠杀遇难同胞纪念馆扩建工程中，以碎石铺装

---

① 莫伯治. 中国庭院空间的不稳定性. 1984. 莫伯治. 莫伯治文集［M］. 广州：广东科技出版社，2003：185-194.

② 莫伯治. 中国庭园空间组合浅说. 1984. 莫伯治. 莫伯治文集［M］. 广州：广东科技出版社，2003：195-200.

③ 何镜堂. 何镜堂文集［M］. 武汉：华中科技大学出版社，2012：105.

入口纪念广场地面，反映"生与死"的主题；建筑内部空间运用倾斜的墙体和缓坡的地面表达非常态的战争空间；以巨大的磨光花岗石墙面和漂浮于水面的烛光表达哀悼的场景（图6-12），这些手法都表现出岭南建筑师从具象到抽象的一大跨越。

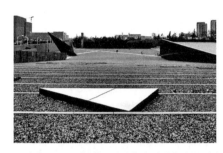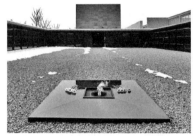

图6-12 侵华日军南京大屠杀遇难同胞纪念馆扩建工程中的碎石地面
图片来源：《文化博览建筑》，华南理工大学出版社，2012.

此外，还有界面表达的方式，即在建筑表皮上凸显建筑的性格特征。如上海钱学森图书馆的立面就通过像素化处理和人物头像的投射，表现出建筑的独特性格。同时，在城市当中表现出建筑的公共属性，如上海世博会中国馆，其底层架空的公共平台、多层面的园林空间、复合化的内部功能空间，共同形成了一个城市综合体，促进了城市与市民的融合。

值得一提的是，结合艺术也是岭南建筑师常用的文化表达手法。无论是岭南画派纪念馆、红线女艺术中心受绘画、戏剧等艺术引发的形式抽象，还是西汉南越王墓博物馆、侵华日军南京大屠杀遇难同胞纪念馆扩建工程中运用的雕塑等装饰手法（图6-13），抑或是南京大屠杀遇难同胞纪念馆扩建工程内部运用的"序曲—铺垫—高潮—尾声"的文学创作手法（图6-14），都显示出岭南建筑师多路径的文化表达思维以及兼容并包的视野和胸怀。

a   b

图6-13 雕塑在建筑中的运用
a—西汉南越王墓博物馆立面的浮雕；
b—侵华日军南京大屠杀遇难同胞纪念馆扩建工程前广场上的雕塑
图片来源：作者自摄

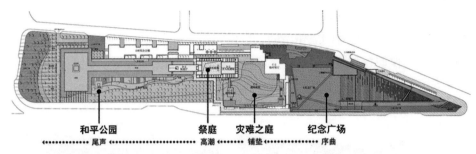

图6-14　侵华日军南京大屠杀遇难同胞纪念馆扩建工程的空间序列

图片来源：《何镜堂建筑创作》，华南理工大学出版社，2010.

6.2.3　重视建筑创作中的"人"

除了要解决建筑创作中的一系列具体问题，岭南建筑师愈发地表现出对于建筑创作中"人"的重视，这不仅包含对建筑使用者的关怀，也包含了对于建筑师自身的要求和适应时代发展的团队创作模式。

6.2.3.1　对建筑使用者的重视

何镜堂在谈到建筑师素养时指出："建筑师要树立'以人为本'的思想。建筑设计是一项以人为本的创造性劳动。一个好的设计，从立意、构思到方案的形成，一切从人的需求出发，以人的尺度为准则，以满足人的活动和需求为检验标准。在这个过程中，都需要建筑师以人为本，发挥个人的综合才能和创新思想，以满腔的热情、全神倾注投身到设计中，为社会和大众服务"[①]。显然，与其他艺术门类不同，岭南建筑师将自己定位为：为人服务的角色，而非不顾使用对象的个人自由创作。

通过回溯岭南建筑学派创作思想可以看到，"以人为本"是岭南建筑师一致持有的创作理念。早在夏昌世应对气候、功能、经济等诸多问题的创作之时，他就不忘解决这些问题的最终目的是为人使用的。何镜堂在回忆导师夏昌世时说道："夏昌世说过，我们建筑师就像一个理发师，人家要什么头你就给他剃什么头发，你要有这种能力。不能说他要长头发，你非要把它剃掉，因为你毕竟还是为人家服务的，但是他要长头发你可以给他做长头发，他要短头发你可以给他做短头发，要有这种才华"[②]。这一思想对何镜堂产生了深刻的影响。

而后，林克明同样对建筑师提出"以人为主，对人关怀"8个字，其中包含三个层面的意思：一是建筑师应当深入生活，了解人民的实际状况和需求；二是建筑师在创作的时候，要考虑到人民的生活习惯和功能需求，从实际出

---

① 何镜堂.建筑师的创作理念、思维与素养.何镜堂文集［M］.武汉：华中科技大学出版社，2012：9.
② 何镜堂.一代建筑大师夏昌世教授.何镜堂文集［M］.武汉：华中科技大学出版社，2012：39.

发；三是在诸多因素交织的时候，要在"物为人用"的前提下，发挥建筑师的主观能动力，把人的需求放在第一位。为此，他还专门举例谈到了1950-1960年代南方地区的住宅设计问题，指出当时的住宅设计在楼距规划、平面布局、结构部件等方面都曾出现过不符合人民实际生活的情况，如果当时的建筑师本着"以人为主"的方针去进行建筑设计，仅仅需要很小的改动就能够大大提高人民的生活质量水平[①]。正如其研究生陈雄所言："林老特别强调不要搞形式主义，认为建筑学的真义在于为了解决和改善人们居住、工作和活动的环境，而不仅仅满足于建筑形式上的美观"[②]。可以说，"以人为主，对人关怀"的思想非但不与其"环境"建筑思想相矛盾，反而成为其思想的出发点和归宿，因为无论是考虑自然环境、城市环境、社会条件、经济条件，还是技术物质条件，最终的落脚点都在于建筑创作是否符合人的需求。

佘畯南同样重视建筑中的"人"。他在晚年撰文《我的建筑观——建筑是为"人"而不是为"物"》，从题目上就一语道出了其建筑思想的特质和核心。佘畯南写道："建筑是一种社会艺术，具有人性精神，满足人们日常生活的需要；建筑是为'人'，'人'是万物的尺度，建筑设计必须以'人'为核心来思考一切事物"[③]。因此，佘畯南认为建筑师应当具备良好的基本功，应当认真对人进行研究，因为"从某种意义来说，建筑的含义也是对人的研究"[④]。

纵览佘畯南的设计构思，无处不见其以"人"为核心来思考一切事物的细心和关怀。在《低造价能否做出高质量的设计？——谈广州友谊剧院设计》一文中，佘畯南谈到了在建筑面积、体积、结构、材料、空间等方面如何达到实现省经济的措施。同时，他也强调指出，低造价并非等同于生产出廉价、简陋的建筑物，以降低或牺牲使用者的舒适感来达到低成本的成功营建。恰恰相反，在严格的造价限制下，建筑师迎难而上，不仅期望达到造价要求，还要创造出更适宜于"人"的使用空间。比如他就提出了"狠抓视线设计"的要求，依据人舒适的视线坡度，将原第一排座位和最后一排座位的地面标高2.6m的高差调整为2m高差，降低了坡面太陡而给人的不安全感，甚至对座椅的宽度、深度和倾斜度都做了各种情况的考虑，并强调"建筑师应过问椅子设计"（图6-15）；谈到建筑的材料，他提出"高材精用，中材高用，低材广用，废材利用，就地取材"的节省造价口号，正好符合建筑师认为不宜过于堂皇华丽的要求，否则装修上的设计与舞台上的演出相比就会有"喧宾夺主"之感，

① 林克明.建筑教育、建筑创作实践六十二年［J］.南方建筑，1995（2）：53.
② 陈雄.庆祝林克明先生从教和创作65周年大会发言选登.林克明.世纪回顾——林克明回忆录［M］.广州：广州市政协文史资料委员会编，1995：107.
③ 佘畯南.我的建筑观——建筑是为"人"而不是为"物"［J］.建筑学报，1996（7）：32.
④ 佘畯南.建筑——对人的研究——谈建筑创作基本功及建筑师的素质［J］.建筑学报，1985（10）：2.

而过多的天花装饰不仅是人的视线盲区，也会造成视线障碍；谈到建筑空间，原有地块的局促造成了该剧院难以实现常规的对称式两座主梯布局，建筑师依然从人的视线出发，认为剧院并非一个塞入观众的盒子，而是应当引导其由始至终的心灵享受，与园林的结合不仅有助于扩大观众休憩空间，而且也为中场结束后人们紧张的精神提供一个放松的环境，通过视线转移来调整人的情绪。可以看到，经济限制下的精打细算是该剧院设计的一大任务和挑战，然而，最终是"适宜人的视线和感受"，并成就了"高质量"的建筑设计，还时刻不忘人的生理、心理规律，这是佘畯南建筑思想的核心和特点。

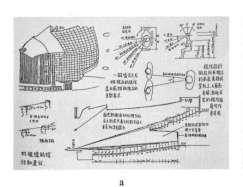 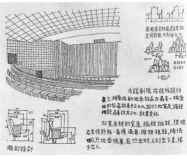

图 6-15

a—视线的分析；b—座椅的分析

图片来源：《佘畯南选集》，中国建筑工业出版社，1997.

对此，何镜堂深有印象。他在回忆佘畯南时说道："佘总有时话不多，但却平凡中寓意深刻，他曾不止一次对我说：建筑是为人的，设计的好坏，有赖于对人研究的深度和广度，因此首先要对人的研究下功夫。他始终坚持一个人民建筑师所肩负的历史使命，要为人民创作他们喜爱的'价廉物美'的建筑"[1]。在如此这般思想的指引下，岭南建筑师创作出了大批受人民喜爱、亲近人心的作品，与其时追求恢宏、雄伟、令人敬畏的某些主流建筑形成了鲜明比照。

从中还可看到的是，"以人为本"的建筑思想在岭南建筑师中借由师承关系、合作关系代代相传，已成为岭南建筑学派创作思想的重要方面。时至今日，许多年轻的岭南建筑师已将研究视野从个体的"人"扩大至整体的公众，在新的时代背景下呼吁建筑创作的开放性、分享型与日常化转向[2]，这是为"以人为本"思想的进一步延伸和发展。

6.2.3.2　对建筑师素养的重视

岭南建筑学派创作思想的日渐完善不仅以建筑创作为宗旨，还包含了对于

---

① 何镜堂.忆建筑大师佘畯南.何镜堂文集［M］.武汉：华中科技大学出版社，2012：41.

② 王明洁.当代中国文化建筑公共性研究［D］.广州：华南理工大学，2012.

建筑师自我的要求。

　　佘畯南就曾引用维特鲁威的话"哲学可使建筑师气宇宏阔，使其成为不骄不傲而颇温文有礼、昭有信用、淡泊无欲的人"，认为建筑师个人的品质与其作品有着密切的关系，因而在市场经济的今天，建筑师应当珍惜职业道德和信誉，不可做以"我"为中心的利己主义者，"己所不欲勿施于人"，不能因眼前之小利而毁一生之声誉①。

　　为此，佘畯南专门撰写了一篇题为《宁可无得，不可无德——与青年同学漫谈"建筑与为人哲理"》的文章，将建筑环境、建筑空间、建筑尺度以及团队中的相互协作等各方面都与"为人"紧密结合起来论述。谈到建筑与环境的关系，他认为这与人际关系甚为有关并极其相似。在一个房子的空间里，只有与四周的人群和谐共处，家庭成员之间的矛盾处理好，才能将一个房子变成一个家。谈到建筑与空间的关系，他强调空间是主题，尤其忌讳人为的喧宾夺主，在设计中只有切合主题、突出主角、协调配角，才能实现有"秩序"的空间流线，为人也同样如此。无论在家，抑或是一国当中，置物有一定位，做事亦有一定时。谈到建筑的尺度问题，他认为"高大不是伟大"，某些纪念性建筑需要以崇高的体型来显示其伟大的气势，但大多数建筑并不能一味地追求越高越好，而是应当从现实出发、从适宜人的感官感受出发，应高则高，应低则低，这一在尺度上所应把握的分寸在处世之中依然适用，恰如其分地待人，对人之所给予感恩图报，对人之所叛离一笑置之，难得糊涂是他所认同的为人心境。谈到建筑的传统与创新，他规劝建筑师应当多读书，只有深入了解了"蓝"，才能变为"青"。而"青出于蓝"是建立在对传统的熟知和尊重的基础之上。谈到设计团队的协调，他以管仲的"大厦之成非一木之材，大海之阔非一流之归也"为例子，说明在集体创作中不应放大个人的作用，要学会团结沟通，多从自我出发寻找问题原因，既不能以"小我"为中心实行利己主义，也不能盲目地考虑"大我"而事事迁就于他人，而应当如"无我"，珍视集体的团结和积极性，从具体问题出发，将集体的力量发挥到最大化。最后，回到人的思维，他指出宇宙万物是永在变动的，人们极易察觉身外事物的转变，却难以感受到自身内部的变化。为此，要三省吾身，不断修正自身的不良之风，坚定地以严格标准要求自己②。

　　除了文字表达，在现实当中佘畯南也正是这样要求自己的，从其建筑界友人对他的评价就可窥之一二，"孜孜不倦""刻苦钻研""真挚、诚恳、坦荡""质朴纯真""虚怀若谷"③是形容其治学和为人精神的高频词汇，从一个

① 佘畯南.我的建筑观——建筑是为"人"而不是为"物"[J].建筑学报，1996（7）：32.

② 林克明.宁可无得，不可无德——与青年同学漫谈"建筑与为人哲理"[J].南方建筑，1995（3）：45-46.

③ 记佘畯南.佘畯南选集[M].北京：中国建筑工业出版社，1997：357-391.

侧面展示出了一位建筑大师的风范。

在何镜堂关于建筑师素养的论述中，他分别从基本功、"以人为本"思想、团队精神、如何做人这4个方面展开，并结合自己的人生经历，认为勤奋、才能、人品、机遇是建筑师成功缺一不可的要素，其中尤为强调"学建筑首先学会做人。"在其学生的评价中，"宽容""谦和""热情""严谨""精益求精""不断求新"[①] 是出现最多的字眼，短短数句便可在纸上刻画出一位极富人格魅力的建筑大师形象。

岭南建筑师对于自身素养的极高要求，不仅吸引了众多学子和建筑师围绕在学派核心建筑师周围，同时也潜移默化地影响了年轻建筑师的成长，发挥了不可估量的教育作用。

6.2.3.3 对创作团队机制的重视

建筑创作是一项综合多学科、多领域的活动，从构思到落成，绝非一人能够胜任。因此，摸索适宜的团队机制也成为岭南建筑学派创作思想中的一项重要工作。

当今的岭南建筑学派已经在团队组织和项目运作上形成了一套较为有效的机制。以华南理工大学建筑设计研究院为例，它充分发挥了高校的人才优势和智力优势，发展出一条"产、学、研"相结合的道路。有学者指出："高校设计单位……在建筑创作和建筑理论的探讨中有其他的设计单位所不能比拟的优势……教师的优势加上学生的优势，形成高校整体设计实力和建筑创作能力的强大"[②]。基于高校的研究平台，理论能够结合实践，新技术、新理论也能够更快地运用在实践上。特别是在建筑文化方面，正是源源不断的人才智力支撑，才使得岭南建筑学派文化研究与建筑创作的互助模式有了可持续的发展动力。可以说，团队机制促进了岭南建筑学派对于建筑文化的认识加深和实践推广。

而在具体的团队构成上，当今的岭南建筑学派已形成了老、中、青相结合的金字塔式结构，其特点在于整合和协调各方面力量和资源，发挥优势互补、优势递增的作用。在创作过程中主要采用扁平式的讨论和交流模式，既促进了个体之间的相互启发和竞争，也通过整合保证了作品的整体性和稳定性，并有所突破和创新[③]。

---

① 学生谈老师.当代中国建筑师何镜堂［M］.北京：中国建筑工业出版社，2000：258-263.

② 周畅.走产、学、研相结合的创作之路.从岭南建筑到岭南学派——华南理工大学建筑设计研究院建筑作品研讨会［J］.新建筑，2008（5）：21.

③ 刘宇波，郑少鹏.继承学术传统团结开拓创新——从局内人视角解读"华南现象"［J］.南方建筑，2008（1）：63.

应当指出的是，团队机制并非是当下的产物，回顾岭南建筑学派的发展史可以看到，岭南现代建筑创作正是在一个又一个集体团队的共同推进下才得以持续不断地发展：中华人民共和国成立后在林克明的主持下，夏昌世、黄远强、杜汝俭、谭天宋、陈伯齐、郭尚德等建筑师组成的设计团队共同完成了具有强烈现代主义建筑风格的华南土特产展览交流大会展馆；自 1950 年代开始的岭南庭园调研，在夏昌世和莫伯治的带领下，由华南工学院建筑系和广州城市规划委员会合作完成；1950 年代开始的酒家园林创作，是在莫伯治的带领下，与莫俊英、郑昭、吴威亮等人共同完成，此后还有蔡德道、林兆璋加入；1960 年代起，佘畯南、莫伯治带领"旅游设计组"展开了高层建筑和岭南庭园相结合的开创性设计；1980 年代起，林克明、佘畯南、莫伯治汇聚到华南工学院，带领师生实现了创作的又一高峰；1990 年代起，在何镜堂的带领下，华南理工大学建筑学院的创作团队逐渐走出地域限制，在全国各地得以成功开展创作实践。

大量的优秀作品和竞赛中标等事实证明了这一团队机制的合理性和有效性，然而，作为学派的学术阵地，这一团队机制的更长远意义在于为保持岭南建筑学派创作思想的延续和活跃提供了平台，并为新思想的突破和超越创造了契机。

6.3　体系建构：文化现实主义创作思想特征

通过整理和分析岭南建筑师的创作思想可以看到，近 30 年来，随着实践的不断深入，岭南建筑师愈发地体会到思想体系的重要性。佘畯南指出："设计实践使我体会到要提高设计水平，要做出一个好设计，单从提高技术水平去考虑问题是不够的。技术知识好像武器，但在战场上作战碰到的问题是千变万化，两军相遇、武器相等，胜负取决于士气和指挥员的才智。有时还可以少胜众、以弱胜强。我举此例未必恰当，但想说明思想方法的重要性"[①]。面对全国建筑市场的开放与竞争以及全球化的文化冲击，岭南建筑师逐渐在建筑观、创作观、方法论上面形成较具体系性的理论建构。

6.3.1　超越特定文化的普适性理论

综合上述的文化现实主义创作思想内涵，就建筑师个体而言，已可从中归纳出林克明的"建筑环境观"、佘畯南的"建筑人本观"、莫伯治的"建筑空间理论"以及何镜堂鲜明提出的"两观三性"设计理论等，表现出岭南建筑学派创作思想

---

① 佘畯南.试谈提高设计水平问题［J］.建筑学报，1981（9）：48.

从早期追求现代精神与岭南地域的气候、基地、文化等方面的结合，到如今对于创作思想、建筑文化等理论层面的抽象性建构，这既是时代发展的要求，也是岭南建筑学派实践和思考纵深发展的必然现象。

同时，尽管岭南建筑师分别从环境、人、空间、文化等多个建筑创作所涉及的不同层面展开，但是其共通之处都在于以客观现实、实践经验为基础，并非空泛地谈论建筑概念和建筑理想，而是以"从实践中来、到实践中去"的理论为导向，体现出一致的现实主义特色，共同丰富和构建了现实主义的创作思想。

值得提出的是，由于与夏昌世、莫伯治、佘畯南等建筑师先后有着师生关系、同事关系、合作关系，何镜堂在多年反复地实践、思考和验证的基础上，集前人之大成，提出了"两观三性"的建筑理论，即建筑的整体观、可持续发展观以及建筑创作应体现地域性、文化性和时代性的建筑观。他于 1996 年以"建筑创作要体现地域性、文化性、时代性"为题首次发表在《建筑学报》上，2000 年在中国工程院学术会上作了《建筑要体现地域性、文化性、时代性》的学术报告，2002 年在《建筑创作与建筑师素养》一文中较为详细地阐述了"两观三性"的学术理念，2008 年在《现代建筑创作理念、思维与素养》一文中进一步深化了"两观三性"的建筑理论，2012 年在《基于"两观三性"的建筑创作理论与实践》一文中结合其创作实践和作品更系统地阐释了其建筑思想内涵和应用成果。经过十多年一步步的丰富和完善，何镜堂的"两观三性"已成为当代岭南建筑学派最重要的建筑理论成果之一。

6.3.2　超越单一要素的整合式思维

在体系性理论思维的指引下，岭南建筑师实现了由单一要素向整合式思维建构的超越。

譬如，何镜堂将建筑学科视为一个有机的空间整体，除了建筑单体自身的内部各要素关系，他认为还应该考虑社会、政治、经济、文化和科技的方方面面，因而，建筑学科就应该实现与社会学、生态学、工程学等学科的融汇和整合；关于建筑单体，他认为这涉及城市规划、景观营造、文化传承与创新、建筑功能与造型、内外空间布局和科学技术的应用等方面。在一个建筑中，所有因素不可能平等配置，而应当根据不同主题，分清主次，对各要素进行分析、归纳、优化和整合，其核心在于处理好各影响因素的对立统一关系，但统一并非简单地同一，而是在统一中求变化，突出主题，形成韵律和秩序逻辑，实现"和而不同"；关于建筑与外部环境的关系，他认为建筑师应当有城市设计的眼光，在创作建筑时把视野扩大到整个城市，学习世界上诸多历史文化名城注重整体风貌的特色，以反思和弥补国内城市混杂无章、建筑语言混乱、文化特色消失的现象；关于建筑创作过程，他将其看作是一个整体优化综合的过程，需要每一个部门、每一个工种、每一个环节协同配合，形成一个整体，才能实现预期的目标^①。

关于"两观三性"中的"三性"，何镜堂也将它视为一个整体的概念：地域性是建筑赖以生存的根基；文化性是建筑的内涵和品位；时代性体现建筑的精神和发展。它们三者相辅相成、不可分割。正如在论述"文化性"时，何镜堂指出："首先，我们不能孤立地来理解建筑文化内涵或是文化特色的产生。一件富有品味的建筑作品，需要与其所处的自然环境以及历史环境间建立起和谐统一的对话关系。……其次，就建筑文化性的含义构成来讲，也体现了地域性和时代性的重要特点。比如地域性本身就包括了地方风貌与地区文脉；时代性则是现代科技、当代文明的综合反映，'三性'之间是'你中有我、我中有你'的辩证统一关系"^②。而这充分反映了建筑师纵横交织的一个立体式思维。

6.3.3　适应不同文化的方法策略

由于跨地域创作实践的数量急剧增多，原有的对于岭南地域文化及建筑风格的总结随之失去了用武之地。同时，不同文化间的转换也为建筑师的创作带来了新的挑战和困惑。面对这些需要解决的实质性问题，岭南建筑师在理论思想的指导下，形成了更具普适意义的方法论。

譬如，上述的文化研究与建筑创作的互助模式、建筑文化的多种表达方式就是岭南建筑师摸索出的一系列行之有效的策略。在这一"文化性格选择——文化性格表达"的多种模式下，体现的是岭南建筑师务实、灵活、变通的思维特征和行为特征。正如孔宇航所观察到的一样："校园内的学生活动中心带有现代主义建筑的某种传承，强调技术理性；而侵华日军南京大屠杀遇难同胞纪念馆扩建工程强调复杂的空间与造型处理，整体形态设计与以前的作品有很大的差异性；洛阳博物馆则注重场所精神的营造与'亲地性'；世博会中国馆运用某种古典的方式来体现当代精神，从对中国古代城市的分析着手，并对中国建筑文化标志性元素进行尺度缩放，进而抽象提炼来反映建筑的'当代性'与'地域性'。"^③

而这一现象正是与岭南建筑师的创作思想相一致的，何镜堂曾谈道："结合广东的气候、环境，我就创作广东的建筑。我到北京来，就结合北京的环境

---

① 何镜堂.何镜堂文集［M］.武汉：华中科技大学出版社，2012.

② 何镜堂，郭卫宏，海佳.植根地域 淬炼文化 彰显时代——华南理工大学建筑设计研究院文化建筑的创作理念［J］.南方建筑，2012（3）：7.

③ 孔宇航.整体性与另类传统.从岭南建筑到岭南学派——华南理工大学建筑设计研究院建筑作品研讨会［J］.新建筑，2008（5）：26.

和条件，创作奥运的工程。我到上海也是这种思想，创作了世博会中国馆……不是把岭南建筑搬到那里去。我个人觉得岭南建筑是一种思想，而不是一种建筑形式，更不是某种古典建筑。"[①] 岭南建筑师正是在探索建筑理论的基础上，超脱了原本局限在岭南地域的实践范围，形成了能够应对不同环境、不同文化、不同类型的适应性策略，为学派走向更广阔的天地打下了坚实的基础。

6.4　本章小结

本章是针对岭南建筑学派创作思想展开论述的第三个部分（图 6-16）。

依次经历了关注于功能、地域的阶段，伴随着全球化视野下国外建筑师及其建筑思想的引入、国内地域建筑的持续探索、中国现代建筑发展之路的探寻等诸多新背景的产生，岭南建筑学派的创作思想开始集中于建筑理论的建构和建筑文化的探索，表现出从关注具象的建筑要素向抽象的建筑思维的转变，致力于以文化现实主义为题进行深入分析。

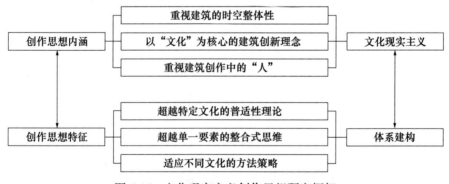

图 6-16　文化现实主义创作思想研究框架
图片来源：作者自绘

岭南建筑学派的文化现实主义创作思想主要包括三个方面的内涵：一是"整体式"的建筑创作思维，分别表现出立足于城市的空间整体性和立足于过去与未来衔接点的时间整体性；二是以"文化"为核心的建筑创新思维，表现出岭南建筑师对建筑创新的重视，并视"文化"为建筑创新的突破口，总结归纳了其文化研究与建筑创作的互助模式，以及多种建筑文化的表达方式；三是岭南建筑师突出表现为在创作中对"人"的关注，既重视从使用者的角度出发、为使用者着想，也重视建筑师自身的素养及符合时代发展需求而

① 何镜堂 . 一代建筑大师夏昌世教授 . "在阳光下：岭南建筑师夏昌世回顾展"演讲 . 何镜堂著 . 何镜堂文集［M］. 武汉：华中科技大学出版社，2012：40.

形成的创作团队机制，共同构成了岭南建筑师对于"人"这一主体要素的全面关注。

最后，基于对文化现实主义创作思想内涵的分析，本书提出其在该维度具有"体系建构"的突出特点，即岭南建筑师从早期的对建筑技术、建筑功能、地域风格、地域文化等要素的具体性研究逐步转向为在建筑观、创作观、方法论上面建构较具体系性的理论，以此能够面对不同的环境、文化、建筑类型而有所应对，并成为岭南建筑学派走出地域限制去开展跨地域创作的理论基石。

第7章 关于岭南建筑学派现实主义创作思想的评论

基于以上各章的论述，本书在本章对岭南建筑学派现实主义创作思想展开综合性的评论，力求梳理出岭南建筑学派现实主义创作思想的内在脉络，揭示出现实主义创作思想对于岭南建筑学派的价值，并展望岭南建筑学派现实主义创作思想的发展走向。

7.1 岭南建筑学派现实主义创作思想的内在脉络

纵观上述功能现实主义、地域现实主义、文化现实主义三章的论述，本书认为岭南建筑学派现实主义创作思想体现出纵向时间上和空间结构上的两条内在脉络。

7.1.1 现实主义创作思想的时间脉络

岭南建筑学派现实主义创作思想表现出如下几个方面的发展规律：

首先，就创作思想的意识焦点而言，它依次从功能技术型要素到风格形式型要素，然后再到理论思维型要素。这是一个从对客观事物与对象属性的挖掘，向对使用主体需要多层次考量的转化过程；也是一个从对具体手法和表现方式的归纳，向设计思维和理论的确立与坚持的转化过程。表现出其学术视野由具象转为抽象、由面对客体的研究转为面对主客体关系研究的发展趋势，体现出岭南建筑师在思想认识和学术积累上的提升和扩大，这也是促成其创作实践不断成熟和壮大的一个强劲动力。

其次，就创作思想的内容特征而言，随着岭南建筑学派的创作实践在全国范围内的铺展，认可度逐渐提高，其中不乏代表着国家形象和民族精神的大气之作，有人将其评价为"从边缘向主流的迈进"[1]。与之相同步的是其创作思想与其他地域创作思想之间的差异也在逐步减少，原先独特的地域性特征正逐渐

---

[1] 赵辰.对于"华南建筑"的感想.从岭南建筑到岭南学派——华南理工大学建筑设计研究院建筑作品研讨会 [J].新建筑，2008（5）：23-24.

削弱，创作思想的趋同性愈发明显。但客观而言，这确是全球化影响之下所出现的必然结果，也是适应全球化发展理应采取的措施和转变。应当说，无论其思想内容呈现为何种特征或关注于哪一方面，只要"现实主义"的精神和基本立场不变，岭南建筑学派的创作思想就能够独成一派。

最后，就创作思想的发展状态而言，从初期引入西方现代主义建筑思想，到结合地域气候、基地环境、地域历史、地域文化、社会状况、时代背景等多方现实因素的探索，现代主义建筑思想已实现了从"虚"的建筑理论向"实"的建筑实践的转化，现代主义建筑也实现了从单一建筑形式向多元化建筑形式的转化。可以说，通过岭南建筑师的不懈努力，现代主义建筑成功地完成了地域化过程，并在与地域现实的结合中得到了深化和丰富，成了一支可以自立的现实主义创作思想，并借助实践的跨地域拓展，传播至更广的范围，表现出从"输入"到"输出"的发展态势。

7.1.2　现实主义创作思想的结构脉络

尽管三个维度的创作思想具有前后相继的时间顺序，但实质上并非泾渭分明，每一维度仅仅是岭南建筑学派创作思想在该阶段体现出的最突出特征，既非全部，也非随着该阶段的结束而消逝。三者不仅有着相互交叉和重叠的区域，而且共同呈现出一种螺旋式的上升状态，在空间结构上也表现出一定的规律：

在功能现实主义阶段，岭南建筑学派的创作思想主要关注建筑内部的几大要素，即适应地域气候、适应基地环境、适应经济条件的技术要素和策略要素，虽有意识地关注建筑与外界环境之间的关系，但需首要解决的仍是建筑内部功能问题。受时代和条件局限，岭南建筑师在这一时期属于被动式应对，主要表现为"具体问题具体分析"的特点。

在地域现实主义阶段，岭南建筑师开始为建筑单体注入岭南地域文化内涵，在表层呈现出对建筑造型、建筑色彩、建筑装饰、建筑材质等形式要素的探索。在表象的背后，体现出的是对地域历史、地域文化、建筑审美等多方面的深入思考，逐步实现了由关注建筑功能问题向关注建筑精神内涵，以及建筑与周边环境关系的转化。

在文化现实主义阶段，岭南建筑师开始突破具体的地域文化限制，将创作思想的视野拓展到更高、更整体的"大文化"层面。首先，其创作思想逐渐由关注建筑单体提升至建筑的城市空间环境；其次，建筑师的创新意识愈发加强，并以"文化"为突破口，实现建筑创作的不断突破和超越；最后，建筑创作中所涉及的"人"的因素愈发为岭南建筑师所重视。这一阶段整体上体现出重体系、重理论、重策略的特点，客观上形成了建筑创作与城市规划、生态环境、文化、社会、心理、管理等多学科、多领域纵横交织的一幅立体式图画，构建出一个更全面、整体、系统的创作思想体系。

7.2　现实主义创作思想对于岭南建筑学派的价值

创作思想的内涵需要阐释，创作思想的价值也需要挖掘。

岭南建筑学派关于创作思想的探索起始于 1930 年代现代主义建筑思想的引入和传播，由此确立了现代主义的价值取向，并从未出现过摇摆和偏离。尽管就时间上来看其发展几乎与中国现代建筑发展同步，但在内容上却并不与之重合，而是保持着自身的独立性，形成了如今极具特殊性格的岭南建筑学派。在这一过程中，现实主义创作思想对岭南建筑学派而言究竟具有何种价值、起到何种作用？

本书认为，其价值主要体现在 3 个方面：一是现实主义创作思想丰富和完善了现代主义建筑思想；二是现实主义创作思想表征着现代主义建筑思想"地域化"过程的彻底完成，是其"地域化"转化的一个理论成果；三是在现实主义创作思想的理论指导下，岭南建筑学派的创作实践能够面向不同的地域和环境而有所应对，表现出极强的适应性特点。

7.2.1　现实主义创作思想是对现代主义建筑思想的吸纳和完善

尽管现代主义建筑思想在岭南建筑学派现实主义创作思想中占据着如此重要的地位，但既然命名有所不同，两者就必定有着差异或关联，从中可体现出现实主义创作思想的深刻价值。

首先，不可否认的是现实主义与现代主义的关联。从历史演变的角度来看，现代主义脱胎于现实主义，与现实主义有着亲密的血缘关系——在物质层面，科学技术革命与新材料、新结构的产生为现代主义建筑的起源提供了可能性；在精神层面，社会思潮和审美观念的转变，引发了建筑师对建筑新风格的探索，他们开始不断打破传统建筑创作法则，提倡并尝试以新建筑形式来反映当时的建筑功能、材料和深层次的意义，呼吁建筑要揭去虚伪的外衣、表现结构的真实。无论是在拉斯金和莫里斯影响下所兴起的"工艺美术运动"，还是瓦格纳所领导的维也纳学派，抑或是以沙利文为代表的芝加哥学派，均以大量文字著述和部分先锋性创作的形式提出了关于传统建筑和现实社会发展状况的批判性认识，与现实主义思想家一道展开了建筑领域内的思想革命。

其次，在岭南建筑学派学人的共同努力下，现实主义创作思想与现代主义建筑思想有机融合，最终现实主义创作思想吸纳了现代主义建筑思想的积极内涵。现代主义的引入确立了岭南建筑学派创作的技术理性方向，使之走上了形式追随功能、技术、经济、文化的科学之路；而现实主义则为现代建筑的地域化发展提供了丰富的依据，使之在技术理性的层面上更富有了人情味和时代感；而当现实主义在时代思潮中随波逐流的时候，现代主义又再次伸出理性的手将其从偏离的轨道上拉回。由此可见，现代主义作为一种抽象化的理论限定着岭南建筑学派的价值取向，而现实主义则是岭南建筑学派在创作中因地制宜和与时俱进的方式和精神，两者共同使之在客体性与主体性的张力之间保持着平衡，让岭南建筑师在面对纷繁的现实状况时得以保持清晰的头脑，作出理性的判断。可以说，岭南建筑学派的现实主义创作思想已吸纳了现代主义的理念精华而成了一支独立又内涵丰富的理论体系。

最后，现实主义创作思想弥补或修正了现代主义建筑思想的负面意义。一直以来，现代主义主要以其表现形式来引起建筑师的极大兴趣，他们对现代主义的引进和探讨更多是着眼于形式层面的借鉴和超越，表现出强烈的形式主义倾向。而现实主义尽管有着手法层面的运用，但其更为强调现实主义的价值立场，体现出更为多元化的形式表象。有学者就曾将现代主义的形式倾向归纳为追求纯净形式、追求丰富句法、追求中性风格和追求抽象结构这四大类[1]，尽管作者的本意并不在于将现代主义限制在形式之中，但从史实可见，初期针对社会现实的反思和批判在现代主义的发展中逐渐式微，而追求形式化的比例则日渐加强，以致现代主义开始走向一种自给自足的体系，即依据某些抽象的逻辑关系而非客观现实来演化出建筑形式，最终遭到后现代主义建筑师的抨击，称现代主义建筑师为"单一的形式主义者"[2]，认为其作品具有震撼人心的形式和简练有力的形象，但却不曾表明任何意义。正是因为如此，现实主义有助于帮助现代主义保持其初期对现实的观照和对社会的批判，而不是沦为形式游戏的"空壳"。

7.2.2 现实主义创作思想是现代主义建筑思想的"地域化"理论成果

由于中国并没有经历西方那样的工业革命，中国传统建筑的木结构体系也与西方建筑体系有着理念和营造技术上的天壤之别，所以客观地来说，今天我们所认识和实践着的现代建筑和建筑学皆来源于西方，岭南建筑学派也不例外。

回顾现代主义建筑思想引进的背景，可以看到，出于抵抗西方文化强势入侵的目的，中国的新文化领导者高举起"科学"与"民主"两面旗帜，在建

---

① 汪江华，张玉坤. 现代建筑中的形式主义倾向［J］. 建筑师，2007（8）：20-24.

② 查尔斯・詹克斯. 李大夏摘译. 后现代建筑语言［M］. 北京：中国建筑工业出版社，1986：14.

筑领域以现代主义建筑思想为武器，以其关注功能、技术、经济的特点与传统建筑形式烦琐、等级分明、耗资巨大等特点形成鲜明对照。正是出于这样的政治和文化立场，因此也极易产生对现代主义建筑的盲目追随而无法看到其负面意义。从当时的著述和作品可以看到，包括岭南建筑学人在内的中国建筑师对于现代主义建筑思想的引入皆可划归到"拿来主义"的范畴，几乎是原封不动地照搬了西方现代主义的建筑思想内容和作品形式。当然，事实表明，在这一时段现代主义建筑的积极意义是远甚于负面意义的，它激发和开辟了包括岭南建筑师在内的中国创作思维，开启了中国现代建筑以及岭南现代建筑的探索之路。

经过长时间的战乱，随着时局的稳定，岭南建筑师开始重拾现代主义建筑，并且在这一时间节点发生了一个重要的转向——探索现代主义建筑与地域现实的结合。吴焕加曾在《中国建筑·传统与新统》中说道："由于中国近代社会的特殊历史条件，中国现代建筑不是由中国传统建筑自然地渐进地演化而来，作为一种体系，它基本上是从外部引进移植而来，这就产生了一个中国化的问题。"[①]岭南建筑师正是由此开始了其"中国化""地域化"的过程。

由上述现实主义创作思想的内在脉络可以看到，这一过程是循序渐进的。从最初应对最紧要的地域气候、地理环境、社会经济状况入手，到在基本掌握了技术的应对策略之后针对地域历史、地域文化、建筑意境的精神层面进行深一步探索，到全球化背景下提升到理论体系高度的探索，每一步进展和突破皆是与地域现实（不论是自然现实、社会现实，还是文化现实）的实际状况及发展相一致，充分体现了岭南建筑师秉承着岭南文化经世致用的价值理念、兼容并蓄的思维方式、锐意进取的创新精神和自然平实的审美取向，立足现实条件、直面现实问题、把握现实矛盾、实现现实目标的行为方式和思维倾向，并在此经验的基础上提炼出现实主义创作思想。

因此，可以说现实主义创作思想是扎根于岭南地域的现代建筑思想，它使现代主义真正深植于岭南的土壤之中，实现了现代主义建筑思想的"地域化"转化，是现代主义建筑思想"地域化"的理论成果。

7.2.3　现实主义创作思想影响下的创作实践体现出极强的适应性

正是因为现代主义建筑思想在岭南的土壤中扎下了根，才能够从中吸收养分，通过反复的实践和总结，成长为一棵日渐成熟与壮大的思想之树，并落地生根、枝繁叶茂。而在这一具有现实性与开放性特色的现实主义创作思想影响和指导下，岭南建筑学派的创作实践体现出极强的"适应性"，不论是在创作

---

① 吴焕加．中国建筑·传统与新统［M］．南京：东南大学出版社，2003：59．

的类型上还是在地域的范围上，作为一种价值观和方法论，现实主义创作思想皆使之能够面对不同的情况而有所应对。此为现实主义创作思想对于岭南建筑学派的又一价值。

在现实主义创作思想探索之初，岭南建筑师面临的是解决现代建筑在岭南"水土不服"的问题，他们采取的策略是由技术到形式，再到文化层面的各个击破。由浅入深、由具象到抽象、由关注人的生理到关注人的心理，现实主义创作思想的现实性特征在此发挥了极大的作用，理性、务实的作风和精神不仅使岭南建筑师解决了一大批棘手的难题，还由此获得了方法上和思维上的总结和提升。

伴随着市场的扩大与竞争机制的建立，岭南建筑师逐渐将创作的视野拓展到岭南以外的地域，积极参与国内其他地域的设计竞赛，并屡屡中标，至今已在国内绝大多数的大中城市留下了其创作的足迹，被人们乐道为"华南现象"。深究这一现象的原因，可以发现，它是与其现实主义创作思想紧密相关的。

如前文所述，现实主义创作思想具有现实性和开放性的特质。一方面，现实性的特点要求它能够随着时空条件的转换而进行与之相应的调整，用新的状态和方式去应对新的现实要求，反映新的客观现实，完成新的创作任务；另一方面，内容上的现实性还引导着其思维和表现形式上开放性的形成，不论面对何种建筑类型、采用何种建筑形式，只要是服务于反映现实、批判现实的目标，那么任何手法和形式都可以为其所用，因为现实主义并非是形式上的，而是服从于其内容的。

从这个意义上说，与历史上常以风格来界定"派""流派"或"学派"不同，岭南建筑学派的确立是源于共同、一致的价值取向和思维理念，而并非形式上的同一。正如何镜堂所言："岭南建筑不是一种固定的形式，我说的岭南建筑是岭南创作思想……这种思想和当地的环境结合，和当地的文化结合，更具体的是和地域、文化、时代的结合。"[①]一语道出了岭南建筑学派是在现实主义创作思想的指导下进行创作实践，并且由此而体现出具有适应性和开放性的特点。

7.3　岭南建筑学派现实主义创作思想的发展走向

通过回溯现实主义的概念发展可知，现实主义的真正内涵既不是完全面向现实的客观性存在，也不是完全取决于主体的主观性存在，而是在代表着客观

① 何镜堂.一代建筑大师夏昌世教授."在阳光下：岭南建筑师夏昌世回顾展"演讲.何镜堂著.何镜堂文集［M］.武汉：华中科技大学出版社，2012：40.

的现实性与代表着主观的批判性这两者之间的制衡，体现出主客观之间的一种张力。

在岭南建筑学派的创作思想探索之初，岭南建筑师高举现代主义的旗帜，积极推动现代主义对于建筑技术、建筑功能、建筑造价等元素的关注，体现出鲜明的技术理性导向，这实际上正是将主客体之间的天平滑向了客观性的一方，但必须承认的是，这是由当时的社会和历史环境所决定的，也正是这一选择，引领着岭南建筑学派走上了科学、理性的创作之路。然而，长久的技术理性偏向，势必会忽视了价值理性的存在与意义，从而使价值理性呈失落的态势，造成现实主义的批判性特征无法显现。通过梳理和分析岭南建筑师的创作思想可以发现，事实上，他们已有意识或无意识地逐渐认识到了这一危机，并在其文字著述中表现出开启价值理性追求的蛛丝马迹。本书正是以技术理性与价值理性作为切入点，来对岭南建筑学派的现实主义创作思想作一个前瞻。

7.3.1　坚持技术理性的创作态度

技术理性，又称"工具理性"，是一个与价值理性相对立的概念，两者最初由马克斯·韦伯（Max Weber）提出。技术理性强调的是运用各种力所能及的具体手段去达到利益的最大化，实现某一功利目的。其积极意义在于有助于人对自身生活环境的开拓，由此逐渐形成的基础科学、技术科学、应用科学构成了人类文明的积淀和进一步发展的基础；而负面意义在于，由于它只受功利动机的驱使，因而仅仅关注是否达到预期目的，容易漠视人的情感和精神价值。

从诸多学者的分析中可以看到，岭南建筑学派的先驱们绝大多数留学德、日等国家，其学术背景与当时留美的梁思成、杨廷宝等在美国宾夕法尼亚大学接受的源自法国的"鲍扎"教学体系截然不同[①]，倡导经典设计法则和样式学习的巴黎美术学院"鲍扎"体系，与强调工程技术价值的巴黎技术学院和巴黎艺术与制造中心学院的"巴黎"模式形成了鲜明的对比[②]。由于德、日等国的建筑教育体系皆受到"巴黎"模式的深刻影响，因此不难理解留学其间的岭南建筑师所接受的思想洗礼。

从功能现实主义一章的分析来看，岭南建筑师在创作方面体现出关注技术的合理性和可行性、关注建筑功能使用、关注解决创作问题的技术理性等特点。除此以外，在建筑创作教育方面，夏昌世提出要学生画出剖面详图，了解建筑构造，而非仅仅注重于建筑方案和渲染；在建筑技术教育方面，陈伯齐

---

①　刘宇波.回归本源——回顾早期岭南建筑学派的理论与实践［J］.建筑学报，2009（10）：31.

②　肖毅强.岭南现代建筑的"现代性"思考［J］.新建筑，2008（5）：8.

创建了华南工学院建筑气候站，常年收集数据来指导研究；在建筑历史教育方面，龙庆忠也一直偏重从技术的角度来研究中国古代建筑史。这些现象表明，除了建筑创作，岭南建筑师在整个学科的建设上都铺设了技术理性的基底，极大地影响了日后岭南建筑学派的发展。

　　时至今日，尽管岭南建筑学派的创作思想已提升至对于整体性的理论关注，但技术理性仍旧是其中的核心要素之一。何镜堂在建筑的可持续发展观中指出："建筑的可持续发展体现在建设的全过程中，……包括对生态环境的保护，节地、节水、节能、节材的技术和措施，建筑文化和空间环境的有效设计，资源的有效利用，建筑全寿命期的投入和收益等，这些都是当今建筑师必须关注和贯彻的设计原则。"[①] 关于建筑的地域性，何镜堂认为建筑师要"顺应自然地形、地貌的特点，将建筑与地段环境融为一体，要从城市规划的角度看建筑，尊重城市和地段业已形成的整体布局和肌理，以及建筑与自然的关系，并重视地方材料和技术的应用，再做出正确定位。"[②] 在建筑的时代性方面，何镜堂指出："建筑作为一个时代的写照，新的知识体系、新的思维方式、新的科学技术，必然带来新的设计观念和思想。建筑师应立足创新，不断调整自己的创作思路，适应当今时代的特点和要求。"[③] 从这些方面的表述来看，尽管内涵上已有所变化和延伸，但岭南建筑师始终没有忽略建筑的物质性特点，即它是一门需要运用技术和材料来完成的工程，也是一项服务于人类生活所需功能的载体。忽略建筑的技术和功能，盲目追求形式的标新立异，追求奇、特、怪的造型，追求所谓的"标志性"建筑，都是岭南建筑师所强烈反对的创作导向[④]。

　　由此可见，无论外在环境如何变化，认清建筑的本质属性，并围绕本质属性展开建筑创作，是岭南建筑师始终不移的一条道路。持着技术理性的态度，建筑创作从解决特定问题出发，从整体环境、功能、结构、技术等角度出发，不仅是岭南建筑学派过去所采用的理念和方法，同样也会在未来继续坚持下去。

7.3.2　整合价值理性的创作追求

　　与技术理性相对应的是"价值理性"，韦伯指出，价值理性是"通过有意识地对一个特定举止的——伦理、美学、宗教的或作任何其他阐释的——无条

---

① 何镜堂.建筑师的创作理念、思维与素养.何镜堂著.何镜堂文集［M］.武汉：华中科技大学出版社，2012：3.

② 同上：3-4.

③ 同上：4.

④ 同上：8.

件的固有价值的纯粹信仰，不管是否取得成就"①。在这基础上，国内外的学者对价值理性进行了深入研究，尽管定论不一，但皆存在着一个共识，即价值理性是人对于自身生活意义的肯定评价，它关注的是人生存的意义和价值，是在现实和理想这对矛盾体的张力中对人的行为指向②，体现出对人的生存的终极关怀和对现实的超越情怀。但要指出的是，价值理性并非等同于感性，因为感性是一种天然的流露，而价值理性则是人化的产物，价值理性是在感性的基础上对感性的扬弃和超越，具有经过理性过滤的批判性力量。由此可见，价值理性实际上与现实主义的批判性同根同源，归根结底，都是为了维护人的尊严，提升人的价值，凸现人存在的意义，促进人更好地生存、发展和完善③。

有学者曾指出，早期岭南建筑学派的探索不仅仅是简单的技术至上，相反，服务于普通民众的生活质量、关注民间疾苦也是其创作思想的突出特点，表现出价值理性的特色④。但不得不承认的是，受时局的限制，在当时情形下，岭南建筑师对于价值理性的探索只能就这一浅层面展开，而不可能更全面地铺展，因为这是最紧迫、最切实的责任。但是，作为开拓者他们将旗帜立起来、将问题提出来，这就是一大贡献了。

随着实践的发展，岭南建筑师自发地进行传统庭园调研，在创作中融入文化元素，适应社会民俗，反映社会风情，创作出一批人民喜闻乐见的作品，这也从一定层面展现出价值理性的力量。

其后，以莫伯治为代表的建筑师开始极为重视对"建筑美学"的研究，用他自己的话说，就是在创作上体现"新的表现主义的探索与尝试"。他认为"艺术本身的发展和观念的创新决不应停止在一个水平上。所以，……在建筑艺术表现上，进行了新的探索，……其形式和形象被赋予特定的思想内容并给人们带来一定的联想，这不仅是可能的，而且是艺术多样化的合理要求"⑤。面对这样的创作实践及其作品，有学者曾对其进行批判："莫伯治先生在晚年创作条件极为宽松的情况下，多次运用'表现主义'的手法，企图在建筑形式上寻求对自身的突破，其探索精神可嘉，但作品令人失望……昔日的大师，落入了对潮流和样式的简单模仿，彻底偏离了技术理性和问题思考的'现代性'精神，引人深思。"⑥

如果从作品及创作实践的表象上来看，确实如此，正如在文化现实主义一

---

① ［德］马克思·韦伯.经济与社会（上卷）［M］.林荣远 译.北京：商务印书馆，1997：56.

② 翟振明.价值理性的恢复［J］.哲学研究.2002（5）：15-21.

③ 徐贵权.论价值理性［J］.南京师大学报.2003（5）：10-14.

④ 刘宇波.回归本源——回顾早期岭南建筑学派的理论与实践［J］.建筑学报，2009（10）：31.

⑤ 莫伯治.建筑创作的实践与思维［J］.建筑学报，2000（5）：49.

⑥ 肖毅强.岭南现代建筑的"现代性"思考［J］.新建筑，2008（5）：11.

章中的分析所言，对于风格和文化的过度关注极易落入形式主义的窠臼，有悖于现代建筑的初衷。但如果站在思想发展的角度，对其文本进行前后相衔接的分析，这一探索又恰恰表现出岭南建筑师对于价值理性的有意识追求，期望赋予建筑更多的人文意义，在艺术精神上使人产生更多的联想和想象，提升对建筑的审美体验。尽管手法尚不成熟，但却暗示了岭南建筑师所意识到的危机和转向。

时至今日，岭南建筑师再次表现出对于价值理性的强烈关注。何镜堂以文化建筑为例，指出要进一步提升建筑的文化属性，"从地域入手，探寻建筑空间形式和场所精神生成的依据；并以此为基础，升华建筑的内涵与品质，提炼其文化性格；同时综合体现当代建筑科学艺术、技术、材料等方面所取得的发展成就"[1]。具体在创作手法上，他提出了"文化性格选择→文化内涵表达"的建筑文化性塑造模式，并视建筑的文化性塑造为当代建筑创作的一个发展趋势，将其归纳为综合性、多元性、本体性三大特点[2]。与其对于文化性的定义相比照之后可以发现，他所认同的建筑文化性即是与社会经济、科学技术、政治思想等息息相关的，是社会生活方式、文化观念、美学观念、价值观念的一种反映和表征[3]。很显然，当代岭南建筑师已清醒地认识到了价值理性对于建筑创作的重要性，于草蛇灰线式的探索之后，开启了岭南建筑学派创作思想对于价值理性的明确追求。

总体来说，未来岭南建筑学派现实主义创作思想的发展走向或将呈现为技术理性与价值理性的整合，即实现现实主义创作思想的现实性与批判性整合。一方面，岭南建筑师在立足于现实状况的基础上，应继续坚持一直以来的技术理性创作态度，发扬现实主义创作思想的现实性特征，始终以建筑本体作为根本和创作的起点；另一方面，岭南建筑师应愈发地重视建筑作为一门艺术的属性，正如他们所认识到的，"一座优秀的建筑，其精神内涵的作用常常超越功能的本身"[4]。不仅期望能够继承和发扬中国传统建筑文化，而且还要有所突破和创新，在处理好建筑与自然、建筑与人、建筑与社会、建筑的技术性与艺术性、当代与未来等多重辩证关系的基础上，整合原本分离的技术理性与价值理

---

① 何镜堂，郭卫宏，海佳. 植根地域 淬炼文化 彰显时代——华南理工大学建筑设计研究院文化建筑的创作理念［J］. 南方建筑，2012（03）：4.

② 何镜堂，海佳，郭卫宏. 从选择到表达——当代文化建筑文化性塑造模式研究［J］. 建筑学报，2012（12）.

③ 何镜堂. 建筑师的创作理念、思维与素养. 何镜堂著. 何镜堂文集［M］. 武汉：华中科技大学出版社，2012：4.

④ 何镜堂. 当代岭南建筑创作探索. 何镜堂著. 何镜堂文集［M］. 武汉：华中科技大学出版社，2012：30.

性，重新恢复建筑的完整性和丰富性，实现建筑、人、环境（包括自然环境和社会环境）三者之间的良性运行，回归建筑最本真的价值。

7.4　本章小结

在现实主义创作思想内涵及其特征论述的基础上，本章展开关于岭南建筑学派现实主义创作思想的评论。

首先，在现实主义创作思想的内在脉络方面，本书认为其分别体现出纵向的时间脉络和空间上的结构脉络。时间脉络表现为：在内外因素的共同推动下，其意识焦点逐步由具体向抽象、由客体向主客体关系转化的规律；结构脉络表现为：从关注建筑内部要素，到关注建筑内外要素关联，再到与多学科共同构建起立体的、螺旋式上升的系统模式。

其次，本书还分析了现实主义创作思想对于岭南建筑学派的价值，认为主要体现在 3 个方面：一是现实主义创作思想是对现代主义建筑思想的吸纳和完善；二是现实主义创作思想是现代主义建筑思想"地域化"的一个理论成果；三是在现实主义创作思想的理论指导下，岭南建筑学派的创作实践能够面向不同的地域和环境而有所应对，表现出极强的适应性特点。以上 3 个方面也共同体现了从现代主义建筑思想"输入"到现实主义思想"输出"的动态发展过程。

最后，本书展望了岭南建筑学派现实主义创作思想的发展走向。认为其未来发展一方面将会继续坚持技术理性的创作态度，坚持立足于建筑的根本属性；另一方面，现实主义创作思想中业已开启的价值理性追求将愈发地明确和扩大，以平衡过去在现实主义创作思想中过度倾向现实性、而在批判性方面表现薄弱的现象。通过将原本分离的技术理性和价值理性进行整合，最终实现建筑创作的完整价值。

结　语

　　岭南建筑学派的创作思想是岭南建筑学派研究中的一个重要组成部分。长久以来，对于实践及其作品的集中关注，在一定程度上容易导致对理论层面的忽略和轻视。然而，作为建筑不可分割的两翼，无论是实践作品研究，还是思想理论研究，都应当呈齐头并进的态势，相互依托、相互支撑，形成一个良性循环。同时，与受时代、社会等多方面现实因素局限和影响的实践及其作品相比较而言，建筑师的自我思想表述应当是其建筑观、创作观、职业观更真实的表现。

　　有鉴于此，本书选取岭南建筑学派的创作思想为研究对象，具体针对岭南建筑师的专著、论文、手稿、作品及作品分析等展开研究，综合建筑史学和建筑美学的方法和理论，通过整理、分析、归纳、提炼、评论，得出以下几点结论：

（1）"岭南建筑学派"的概念具有学理合法性。

　　基于历史的回溯、概念的辨析、理论的展开，本书确立了现代科学学派成立的标准和特征，并尝试从岭南建筑学派的学术阵地、代表人物、学术思想、代表作品、学术影响等方面进行了较全面的阐述，认为其已具备了作为一个学派进行研究的条件。

（2）具有现实主义特色的岭南文化传统和现代主义建筑思想是岭南建筑学派创作思想的重要来源。

　　岭南建筑学派的创作思想绝非凭空而生，而是与岭南地域文化传统和现代主义建筑思想有着极为紧密的关联。它缘起于1930年代岭南建筑师对现代主义建筑思想的传播，兴起于结合地域现实的持续探索——从应对最紧要的地域气候、地理环境、经济条件，到在基本掌握了技术的应对策略之后针对地域历史、地域文化、建筑意境的精神层面探索，到在全球化背景下提升至理论和大文化高度的探索，每一步突破和进展皆是与现实密切呼应，充分继承了岭南文化经世致用的价值理念、兼容并蓄的思维方式、锐意进取的创新精神和自然平实的审美取向。

（3）岭南建筑学派创作思想具有鲜明的"现实主义"特征。

　　岭南建筑学派立足现实条件、直面现实问题、把握现实矛盾、实现现实目标的行为方式和思维倾向，体现出鲜明的"现实主义"特征。按照其思想意识焦点的转向，可将其近百年来的发展历程划分为功能现实主义、地域现实主义、文化现实主义 3 个基本维度。从中表现出岭南建筑师从面对客体的研究到面对主客体关系的研究、从对具体手法和表现形式的归纳到设计基本理念的确立与坚持、从关注建筑单体内部要素到关注建筑创作的整体性等多个方面的转向，呈现为一个螺旋式上升的发展状态，正逐步构建着一个更全面、整体的创作思想体系。

（4）表现出整合现实主义"现实性"与"批判性"的发展走向。

现实主义创作思想最重要的内涵即是"现实性"与"批判性"：一是直面现实，具有客观性特点；二是主体对现实应当有所判断，表达一定的精神和思想，具有主观性特点。现实主义本质上就是在主、客观的两个极点之间保持一种张力，从中体现力量和价值。在岭南建筑学派初期，技术理性引领其走上了科学、理性的创作之路，"现实性"在创作思想中尤为凸显。然而，随着实践的深入发展，岭南建筑师已逐渐认识到建筑创作的价值危机，并随着意识的逐步明晰、强化，至今已鲜明地提出了对于建筑文化的追求，其创作思想中的"批判性"比重加大，表现出整合原本分离的现实性与批判性，并重新恢复建筑的完整性和丰富性的发展走向。

本书的创新之处在于：

（1）确立了"岭南建筑学派"的学理合法性，使之从散见于各媒介上的舆论话语转换为能够立论的学术概念，并明确了其研究对象与主体，为岭南建筑学派研究的展开打下了基础。

（2）打破传统的近、现代学术分期，视岭南建筑学派创作思想为一个整体，清晰地梳理出其至今的发展脉络、逻辑层次、内容特征和目标取向，综合归纳为功能现实主义创作思想探索、地域现实主义创作思想探索、文化现实主义创作思想探索 3 个阶段，并分析了三者相续发展的历时性关联。

（3）深入揭示岭南建筑学派创作思想的现实主义特征，认为其在功能现实主义、地域现实主义、文化现实主义三个探索阶段分别表现出技术理性、风格自律、体系建构的特征，构成了一个较为完整的现实主义创作思想体系。

研究展望

关于这一论题，还有进一步拓展的空间：

（1）本书主要将岭南建筑学派的建筑师作为一个整体进行研究，尽管注意到建筑师个体在不同的社会背景、学术背景下所呈现出的不同思想倾向和特质，但在取材上主要关注于其中最富代表性的思想和著述，因论文的主题不在于罗列所有岭南建筑师的思想，而是将其整体态势描绘出来，所以，就个体建筑师研究而言，尚不完整和深入，未来可就岭南建筑学派的建筑师作进一步的个人专题研究。

（2）本书主要集中于岭南建筑师的创作思想，实际上，与其创作思想同进退的还有在建筑技术理论、建筑历史理论、建筑教育理论等方面的研究，尽管本书已有所涉及，但尚未完全展开，如果能够将多学科的发展和特点结合起来，当会更加全面地展示岭南建筑学派创作思想，乃至岭南建筑学派理论的特性和价值。

（3）岭南建筑学派起始于现代主义建筑思想的传播，始终坚持着建筑的现代性特质而没有发生动摇和改变。然而，在中国建筑领域，还有其他部分地域的建筑师群体同样坚持走现代主义建筑之路，如果能够将这些同在一个国家语境之下的现代地域建筑流派进行对比研究，当会从"异"中求得"同"、从"同"中得到"异"，以"他山之石"来丰富和完善自我。当然，除此以外，国外的现代地域建筑也可作为比较研究的对象。

参考文献

1. 专著译著

［1］杜汝俭，陆元鼎，郑鹏等编．中国著名建筑师林克明［M］．北京：科学普及出版社，1991.

［2］林克明．世纪回顾——林克明回忆录［M］．广州市政协文史资料委员会编，1995.

［3］胡荣锦．建筑家林克明［M］．广州：华南理工大学出版社，2012.

［4］夏昌世，莫伯治．岭南庭园［M］．北京：中国建筑工业出版社，2008.

［5］夏昌世．园林述要［M］．广州：华南理工大学出版社，1995.

［6］谈健，谈晓玲．建筑家夏昌世［M］．广州：华南理工大学出版社，2012.

［7］潘小娴．建筑家陈伯齐［M］．广州：华南理工大学出版社，2012.

［8］《龙庆忠文集》编委会．龙庆忠文集［M］．北京：中国建筑工业出版社，2010.

［9］龙庆忠．中国建筑与中华民族［M］．广州：华南理工大学出版社，1990.

［10］陈周起．建筑家龙庆忠［M］．广州：华南理工大学出版社，2012.

［11］曾昭奋主编．莫伯治文集［M］．广州：广东科技出版社，2003.

［12］岭南建筑丛书编辑委员会编．莫伯治集［M］．广州：华南理工大学出版社，1994.

［13］曾昭奋主编．岭南建筑艺术之光：解读莫伯治［M］．广州：暨南大学出版社，2004.

［14］曾昭奋主编．佘畯南选集［M］．北京：中国建筑工业出版社，1997.

［15］《当代中国建筑师》编委会．当代中国建筑师——何镜堂［M］．北京：中国建筑工业出版社，2000.

［16］周莉华．何镜堂建筑人生［M］．广州：华南理工大学出版社，2010.

［17］华南理工大学建筑设计研究院编．何镜堂建筑创作［M］．广州：华南理工大学出版社，2010.

［18］何镜堂．何镜堂文集［M］．武汉：华中科技大学出版社，2012.

［19］陆元鼎．岭南人文·性格·建筑［M］．北京：中国建筑工业出版社，2005.

［20］吴庆洲．广州建筑［M］．广州：广东省地图出版社，2000.

［21］林兆璋．林兆璋建筑创作手稿［M］．北京：国际文化出版公司，1997.

［22］石安海．岭南近现代优秀建筑·1949-1990卷［M］．北京：中国建筑工业出版社，2010.

［23］唐孝祥．岭南近代建筑文化与美学［M］．北京：中国建筑工业出版社，2010.

［24］唐孝祥．近代岭南建筑美学研究［M］．北京：中国建筑工业出版社，2003．

［25］彭长歆．岭南近代著名建筑师［M］．广州：广东人民出版社，2005．

［26］彭长歆．现代性·地方性——岭南城市与建筑的近代转型［M］．上海：同济大学出版社，2012．

［27］彭长歆，庄少庞．华南建筑八十年：华南理工大学建筑学科大事记（1932-2012）［M］．广州：华南理工大学出版社，2012．

［28］燕果．珠江三角洲建筑二十年［M］．北京：中国建筑工业出版社，2005．

［29］华南理工大学建筑学术丛书编辑委员会．建筑学系教师论文集（上）（1932-1989）［M］．中国建筑工业出版社，2002．

［30］华南理工大学建筑学术丛书编辑委员会．建筑学系教师论文集（中）（1990-1999）［M］．中国建筑工业出版社，2002．

［31］华南理工大学建筑学术丛书编辑委员会．建筑学系教师论文集（下）（2000-2002）［M］．中国建筑工业出版社，2002．

［32］白天鹅宾馆纪念画册［M］．广州：广东画报社．1991．

［33］曾生．曾生回忆录［M］．北京：解放军出版社，1992．

［34］杨永生编．建筑百家言［M］．北京：中国建筑工业出版社，1998．

［35］杨永生编．建筑百家书信集［M］．北京：中国建筑工业出版社，2000．

［36］杨永生编．建筑百家回忆录［M］．北京：中国建筑工业出版社，2000．

［37］杨永生编．建筑百家回忆录续编［M］．北京：知识产权出版社，2003．

［38］中国建筑学会，国家建委建研院设计研究所编．旅馆建筑［M］．北京：中国建筑学会，1979．

［39］邹德侬．中国现代建筑史［M］．天津：天津科技出版社，2001．

［40］吴焕加，刘先觉等．现代主义建筑20讲［M］．上海：上海社会科学院出版社，2005．

［41］赵辰，伍江．中国近代建筑学术思想研究［M］．北京：中国建筑工业出版社，2003．

［42］钱峰，伍江．中国现代建筑教育史（1920-1980）［M］．北京：中国建筑工业出版社，2008．

［43］赖德霖．中国近代建筑史研究［M］．北京：清华大学出版社，2007．

［44］郝曙光．当代中国建筑思潮研究［M］．北京：中国建筑工业出版社，2006．

［45］李海清．中国建筑的现代转型［M］．南京：东南大学出版社，2004．

［46］李士桥．现代思想中的建筑［M］．北京：中国水利电力出版社，知识产权出版社，2009．

［47］杨永生，顾孟潮编．20世纪中国建筑［M］．天津：天津科学技术出版社，1999．

［48］彭一刚．建筑空间组合论．北京：中国建筑工业出版社，1983．

［49］吴良镛．广义建筑学［M］．北京：清华大学出版社，1989．

［50］张钦楠，张祖刚．现代中国文脉下的建筑理论［M］．北京：中国建筑工业出版社，

2008.

[51] 侯幼彬. 中国建筑美学 [M]. 哈尔滨: 黑龙江科学技术出版社, 1997.

[52] 支文军, 徐千里. 体验建筑: 建筑批评与作品分析 [M]. 上海: 同济大学出版社,
2000.

[53] 丁沃沃, 胡恒主编. 建筑文化研究 (第 1 辑) [M]. 北京: 中央编译出版社, 2009.

[54] 丁沃沃, 胡恒主编. 建筑文化研究 (第 2 辑) [M]. 北京: 中央编译出版社, 2010.

[55] 丁沃沃, 胡恒主编. 建筑文化研究 (第 2 辑) [M]. 北京: 中央编译出版社, 2011.

[56] 胡恒主编. 建筑文化研究 (第 4 辑) [M]. 北京: 中央编译出版社, 2013.

[57] [意] 塔夫里. 建筑学的理论和历史 [M]. 郑时龄译. 北京: 中国建筑工业出版社,
2010.

[58] [美] 肯尼斯·弗兰姆普敦. 建构文化研究: 论 19 世纪和 20 世纪建筑中的建造诗学
[M]. 王骏阳译. 北京: 中国建筑工业出版社, 2007.

[59] [美] 肯尼斯·弗兰姆普敦. 现代建筑: 一部批判的历史 [M]. 张钦楠, 等译. 北京:
生活·读书·新知三联书店, 2004.

[60] [英] 彼得·柯林斯. 现代建筑设计思想的演变 [M]. 英若聪译. 北京: 中国建筑工
业出版社, 2003.

[61] [意] 布鲁诺·赛维. 建筑空间论: 如何品评建筑 [M]. 张似赞译. 北京: 中国建筑
工业出版社, 2006.

[62] [美] 彼得·罗, 关晟. 承传与交融——探讨中国近代建筑的本质与形式 [M]. 成砚
译. 北京: 中国建筑工业出版社, 2004.

[63] [希腊] 安东尼·C·安东尼亚德斯. 建筑诗学与设计理论 [M]. 北京: 中国建筑工
业出版社, 2011.

[64] 李权时, 李明华, 韩强. 岭南文化 [M]. 广州: 广东人民出版社, 2010.

[65] 邓启龙. 开放的岭南文化 [M]. 广州: 暨南大学出版社, 1998.

[66] 谭元亨. 岭南文化艺术 [M]. 广州: 华南理工大学出版社, 2002.

[67] 梁凤莲. 岭南文化艺术的审美视野 [M]. 北京: 中国戏剧出版社, 2005.

[68] Anna Helena Piha. Architecture-Culture: connections, representations, interpretations and
implications [M]. Melbourne : Deakin University Press, 2000.

[69] William J. Lillyman, Marilyn F. Moriarty, David J. Neuman. Critical Architecture and
Contemporary Culture [M]. Oxford : Oxford University Press, 1994.

[70] Andrew Ballantyne. Architecture theory: a reader in philosophy and culture [M]. London:
Continuum International Publishing Group, 2005.

[71] Chuihua Judy Chung, Jeffrey Inaba, Rem Koolhhas, Sze Tsung Leong. Great Leap
Forward [M]. Cologne: Taschen , 2002.

[72] Peter Rowe & Seng Kuan, Architectural Encounters with Essence and Form in Modern

China［M］. Boston: The MIT Press，2002.

［73］Joan Ockman，Edward Eigen. Architecture Culture 1943-1968: A Documentary Anthology
　　　［M］. New York: Rizzoli，1993.

［74］Neil Leach. Rethinking Architecture-a reader in cultural theory［M］. London: Routledge，
　　　1996.

2. 期刊论文

［1］林克明. 广州中苏友好大厦的设计与施工［J］. 建筑学报，1956（3）.

［2］林克明. 我对展开"百家争鸣"的几点意见［J］. 建筑学报，1956（6）.

［3］林克明. 广州体育馆［J］. 建筑学报，1958（6）.

［4］林克明，佘畯南，麦禹喜. 广州几项公共建筑设计［J］. 建筑学报，1959（8）.

［5］林克明. 十年来广州建筑的成就［J］. 建筑学报，1959（8）.

［6］林克明. 关于建筑风格的几个问题——在"南方建筑风格"座谈会上的综合发言［J］.
　　　建筑学报，1961（8）.

［7］林克明. 关于建筑现代化和建筑风格问题的一些意见［J］. 建筑学报，1979（1）.

［8］林克明. 建筑教育、建筑创作实践六十二年［J］. 南方建筑，1995（2）.

［9］林克明. 现代建筑与传统庭院［J］. 南方建筑，2010（3）.

［10］林克明. 国际新建筑会议十周年纪念感言（1928-1938）［J］. 南方建筑，2010（3）.

［11］汤国梁. 教育界先驱建筑界前辈——林克明教授［J］. 中外建筑，1996（6）.

［12］汤国华. 三访林克明教授［J］. 南方建筑，1999（1）.

［13］林克明同志生平［J］. 南方建筑，1999（1）.

［14］刘碧文. 重新认识古建筑与仿古建筑——读林克明作品随笔［J］. 南方建筑，2001（3）.

［15］纪念林克明诞辰 110 周年（2010.7.11）［J］. 南方建筑，2010（3）.

［16］林沛克，蔡德道. 林克明年表及林克明文献目录［J］. 南方建筑，2010（3）.

［17］蔡德道. 林克明早年建筑活动纪事（1920-1938）［J］. 南方建筑，2010（3）.

［18］庄少庞. 三位岭南建筑师思想策略的异同解读［J］. 华中建筑，2011（10）.

［19］刘虹. 广州市立中山图书馆建筑设计初探［J］. 华中建筑，2012（7）.

［20］蔡德道. 再寻访林克明早期现代建筑作品［J］. 南方建筑，2012（5）.

［21］胡荣锦. 南天建筑星斗 学苑育才栋梁——谈林克明辉煌的"三不朽"［J］. 南方建筑，
　　　2012（5）.

［22］刘虹. 林克明建筑设计手法研究（1926-1949 年）［J］. 华中建筑，2013（1）.

［23］夏昌世. 鼎湖山教工休养所建筑纪要［J］. 建筑学报，1956（9）.

［24］夏昌世，钟锦文，林铁. 中山医学院第一附属医院［J］. 建筑学报，1957（5）.

［25］夏昌世. 亚热带建筑的降温问题——遮阳·隔热·通风［J］. 建筑学报，1958（10）.

［26］夏昌世，莫伯治. 漫谈岭南庭园［J］. 建筑学报，1963（3）.

[27] 夏昌世，莫伯治.粤中庭园水石景及其构筑艺术［J］.园艺学报，1964（2）.

[28] 何镜堂，刘业.纪念一代建筑宗师夏昌世［J］.新建筑，2002（5）.

[29] 袁培煌.怀念陈伯齐、夏昌世、谭天宋、龙庆忠四位恩师——纪念华南理工大学建筑系创建70周年［J］.新建筑，2002（5）.

[30] 练伟杰，刘业.永远的精神 永远的财富——纪念夏昌世、龙庆忠、陈伯齐教授百年诞辰［J］.华南理工大学学报（社会科学版），2004（3）.

[31] 汤国华.“夏氏遮阳”与岭南建筑防热［J］.新建筑，2005（6）.

[32] 肖毅强，施亮.夏昌世的创作思想及其对岭南现代建筑的影响［J］.时代建筑，2007（5）.

[33] 蔡德道.往事如烟 建筑口述史三则［J］.新建筑，2008（5）.

[34] 赵立华，齐百慧，肖毅强.“夏氏遮阳”的遮阳效果分析［J］.绿色建筑，2010（1）.

[35] 杨颋.夏老师·夏工——关于夏昌世的访谈录［J］.南方建筑，2010（2）.

[36] 王方戟.一张时间表——对夏昌世先生专业旅程的认识过程［J］.南方建筑，2010（2）.

[37] 何镜堂.一代建筑大师夏昌世教授［J］.南方建筑，2010（2）.

[38] Eduard Kögel，杨力研.在革新与现代主义之间：夏昌世与德国（英文）［J］.南方建筑，2010（2）.

[39] 赵一沄.从三张草图读夏昌世的基地观［J］.南方建筑，2010（2）.

[40] 齐百慧，肖毅强，赵立华，申杰.夏昌世作品的遮阳技术分析［J］.南方建筑，2010（2）.

[41] 关菲凡，张振华.工字楼——原中山医学院第一附属医院设计研究［J］.南方建筑，2010（2）.

[42] 阮思勤，郑加文.重读水产馆的建造过程与设计理念［J］.南方建筑，2010（2）.

[43] 李睿.夏昌世年表及夏昌世文献目录［J］.南方建筑，2010（2）.

[44] 肖毅强，杨焰文.关于夏昌世研究的随笔［J］.南方建筑，2010（2）.

[45] 陈吟，唐孝祥.夏昌世建筑思想初探［J］.南方建筑，2010（2）.

[46] 彭长歆.地域主义与现实主义：夏昌世的现代建筑构想［J］.南方建筑，2010（2）.

[47] 冯江.回顾夏昌世回顾展［J］.南方建筑，2010（2）.

[48] 林广思.岭南早期现代园林理论与实践初探［J］.新建筑，2012（4）.

[49] 谈健.岭南现代建筑先驱——夏昌世［J］.南方建筑，2012（5）.

[50] 冯江.建筑作为一种生涯——柳士英与夏昌世在喻家山麓的相遇［J］.新建筑，2013（1）.

[51] 陈伯齐.宽银幕立体声电影院设计［J］.华南工学院学报，1957（1）.

[52] 陈伯齐.瑞士比尔斯菲登水电站的建筑造型［J］.建筑学报，1957（8）.

[53] 陈伯齐.对建筑艺术问题的一些意见［J］.建筑学报，1959（8）.

[54] 陈伯齐.南方城市住宅平面组合、层数与群组布局问题——从适应气候角度探讨［J］.

建筑学报，1963（8）.

[55] 陈伯齐.天井与南方城市住宅建筑——从适应气候角度探讨［J］.华南工学院学报，1965（4）.

[56] 陈伯齐.新建筑在非洲［J］.南方建筑，1996（3）.

[57] 陈伯齐.有关建筑艺术的一些意见［J］.南方建筑，1996（3）.

[58] 史庆堂.陈伯齐教授［J］.南方建筑，1996（3）.

[59] 莫伯治，莫俊英，郑旺.广州北园酒家［J］.建筑学报，1958（9）.

[60] 莫伯治.广州居住建筑的规划与建设［J］.建筑学报，1959（8）.

[61] 莫伯治，张培煊，梁启龙，陆云峯.广州海珠广场规划［J］.建筑学报，1959（8）.

[62] 莫伯治，林兆璋.广州新建筑的地方风格［J］.建筑学报，1979（4）.

[63] 莫伯治，林兆璋.庭园旅游旅馆建筑设计浅说［J］.建筑学报，1981（9）.

[64] 莫伯治，林兆璋.深圳泮溪酒家［J］.建筑学报，1983（8）.

[65] 莫伯治.环境、空间与格调［J］.建筑学报，1983（9）.

[66] 莫伯治.美国高层建筑见闻琐记［J］.世界建筑，1985（4）.

[67] 莫伯治.美国当代高层建筑美学的新探索［J］.建筑学报，1987（2）.

[68] 莫伯治，何镜堂.西汉南越王墓博物馆规划设计［J］.建筑学报，1991（8）.

[69] 莫伯治，何镜堂，胡伟坚，马威.由具象到抽象——岭南画派纪念馆的构思［J］.建筑学报，1992（12）.

[70] 莫伯治.广州东方宾馆翠园宫餐厅室内设计［J］.建筑学报，1994（10）.

[71] 莫伯治.边陲偶语［J］.建筑学报，1994（12）.

[72] 莫伯治，何镜堂.南越王墓博物馆第二期工程珍品馆建筑设计［J］.建筑学报，1995（1）.

[73] 莫伯治.现代建筑与超前意识［J］.建筑学报，1997（4）.

[74] 莫伯治，莫京.广州地铁控制中心建筑设计的构思［J］.建筑学报，1998（6）.

[75] 莫伯治，莫京.广州红线女艺术中心［J］.建筑学报，1999（4）.

[76] 莫伯治.建筑创作的实践与思维［J］.建筑学报，2000（5）.

[77] 莫伯治.白云珠海寄深情——忆广州市副市长林西同志［J］.南方建筑，2000（3）.

[78] 莫伯治.关于山水与山水城市［J］.建筑学报，2001（6）.

[79] 莫伯治.百花齐放的艺术殿堂——广州艺术博物院笔记［J］.建筑学报，2001（11）.

[80] 莫伯治.端州贞一别墅观感［J］.建筑学报，2002（2）.

[81] 莫伯治.旧体诗六首［J］.建筑学报，2002（9）.

[82] 莫伯治，莫京.岭南建筑创作随笔［J］.建筑学报，2002（11）.

[83] 林兆璋.岭南建筑新风格的探索——分析莫伯治的建筑创作道路［J］.建筑学报，1990（10）.

[84] 周卜颐.发展中国新建筑的希望在岭南［J］.建筑学报，1992（9）.

［85］曾昭奋.莫伯治与岭南佳构［J］.建筑学报，1993（9）.

［86］顾孟潮.莫伯治与《莫伯治集》［J］.建筑学报，1995（2）.

［87］童施意.岭南建筑大师——莫伯治先生［J］.南方建筑，1996（2）.

［88］薛求理.再读莫伯治［J］.建筑学报，2000（9）.

［89］顾孟潮.莫伯治与他的新表现主义建筑艺术［J］.世界建筑.2001（3）.

［90］顾孟潮."轻歌曼舞"的红线女艺术中心［J］.建筑工人，2001（5）.

［91］曾昭奋.从北园酒家到梁启超纪念馆［J］.粤海风，2001（3）.

［92］吴焕加.解读莫伯治［J］.建筑学报，2002（2）.

［93］傅娟，肖大威.约翰·波特曼与莫伯治宾馆设计思想之比较［J］.建筑学报，2005（6）.

［94］曾昭奋.莫伯治与酒家园林（上）［J］.华中建筑，2009（5）.

［95］曾昭奋.莫伯治与酒家园林（下）［J］.华中建筑，2009（6）.

［96］孙卫国，黄景华.平湖虹廊戏碧波——莫伯治泮溪酒家泮岛餐厅及画舫设计思想研究与复建设计［J］.中国园林，2011（11）.

［97］庄少庞.由传统经验到现代实践——莫伯治早期建筑创作的庭园空间构成［J］.华中建筑，2012（10）.

［98］佘畯南.低造价能否做出高质量的设计？——谈广州友谊剧院设计［J］.建筑学报，1980（3）.

［99］佘畯南.对建筑创作的一点体会［J］.建筑学报，1983（8）.

［100］佘畯南.从建筑的整体性谈广州白天鹅宾馆的设计构思［J］.建筑学报，1983（9）.

［101］佘畯南.建筑——对人的研究——谈建筑创作基本功及建筑师的素质［J］.建筑学报，1985（10）.

［102］佘畯南.一点体会——对创作之路的认识［J］.建筑学报，1991（6）.

［103］佘畯南，谭卓枝，霍文凌."实践、认识、再实践、再认识"谈汕头特区金融中心的设计意念［J］.建筑学报，1992（3）.

［104］佘畯南.万里行（一）——埃及［J］.建筑学报，1993（3）.

［105］佘畯南.万里行（二）——希腊［J］.建筑学报，1993（11）.

［106］佘畯南.万里行（三）——塞浦路斯.建筑学报，1994（7）.

［107］佘畯南.继续前进，做一个人民的建筑师［J］.南方建筑，1995（3）.

［108］佘畯南.宁可无得，不可无德——与青年同学漫谈"建筑为人哲理"［J］.南方建筑.1995（3）.

［109］佘畯南.林西——岭南建筑的巨人［J］.南方建筑，1996（1）.

［110］佘畯南.给一位留美青年建筑师的信［J］.世界建筑，1996（2）.

［111］佘畯南.我的建筑观——建筑师为"人"而不是为"物"［J］.建筑学报，1996（7）.

［112］佘畯南，佘达奋.漫谈旅馆建筑与室内设计——均衡构图与家具布置［J］.室内设计与装修，1996（4）.

[113] 佘畯南.浅谈旅馆建筑与室内设计——建筑师与设计师的合作关系 [J].南方建筑，1998（1）.

[114] 佘畯南.我的自述 [J].南方建筑，1998（3）.

[115] 宁泉骋.楼宇，体现他的才华、品质——记著名建筑师佘畯南 [J].南方建筑，1995（3）.

[116] 伍乐园.现代建筑在中国如何能扎根——记佘畯南大师建筑创作思想研讨会 [J].建筑学报，1996（7）.

[117] 刘杰.大师风范 气存千古——悼念恩师佘畯南先生 [J].南方建筑，1998（3）.

[118] 蔡德道.再次学习 更获教益——佘畯南院士的工作方法和建筑观 [J].南方建筑，1998（4）.

[119] 刘杰."宁可无得，不可无德"——深切怀念恩师佘畯南先生 [J].建筑学报，1999（3）.

[120] 何镜堂.忆建筑大师佘畯南 [J].建筑学报，1999（3）.

[121] 唐葆亨.拳拳的情谊 深深的怀念——忆建筑大师佘畯南 [J].建筑学报，1999（3）.

[122] 戴复东.怀念·学习——缅怀佘畯南大师 [J].建筑学报，1999（3）.

[123] 钟新权.人民的建筑师——记建筑老专家佘畯南 [J].建筑学报，1999（3）.

[124] 林兆璋，刘枫.空间与环境——佛山"石景宜、刘紫英伉俪文化艺术馆"创作回顾 [J].建筑学报，1998（10）.

[125] 林兆璋.广东西樵山下之明珠——云影琼楼设计 [J].建筑学报，1994（7）.

[126] 林兆璋，司徒如玉.深圳银湖旅游中心设计手记 [J].建筑学报，1986（3）.

[127] 何镜堂，李绮霞.造型·功能·空间与格调——谈深圳科学馆的设计特色 [J].建筑学报，1988（7）.

[128] 何镜堂，李绮霞.五邑大学规划与主楼设计 [J].建筑学报，1990（1）.

[129] 何镜堂，李绮霞.化整为零 融于山水——关于桂林博物馆的设计构思 [J].建筑学报，1991（8）.

[130] 何镜堂.环境·文脉·时代特色——华南理工大学逸夫科学馆创作随笔 [J].建筑学报，1995（10）.

[131] 何镜堂.建筑创作要体现地域性、文化性、时代性 [J].建筑学报，1996（3）.

[132] 何镜堂，孔志成.香港五星级酒店的客房设计 [J].建筑学报，1996（12）.

[133] 何镜堂.我的建筑观 [J].中外建筑，1996（6）.

[134] 何镜堂，刘宇波.超高层办公建筑可持续设计研究 [J].建筑学报，1998（3）.

[135] 何镜堂，汤朝晖，郭卫宏.鸦片战争海战馆创作构思 [J].建筑学报，2000（7）.

[136] 何镜堂，涂慧君，邓剑虹.共享交融 有机生长——浅谈浙江大学新校园（基础部）概念性规划中标方案的创作思想 [J].建筑学报，2001（5）.

[137] 何镜堂，郭卫宏，吴中平.浪漫与理性交融的岭南书院——华南师范大学南海学院的规划与建筑创作 [J].建筑学报，2002（4）.

［138］何镜堂.建筑创作与建筑师素养［J］.建筑学报，2002（9）.

［139］何镜堂，倪阳.延续校园生态走廊——华工人文馆创作随笔［J］.世界建筑，2002
（11）.

［140］何镜堂，王扬.当代岭南建筑创作探索［J］.华南理工大学学报（自然科学版），
2003（7）.

［141］何镜堂，郭卫宏，吴中平.现代教育理念与校园空间形态［J］.建筑师，2004（1）.

［142］何镜堂.我的思想和实践［J］.城市环境设计，2004（2）.

［143］何镜堂.建筑创作与建筑师素养［J］.南方建筑，2004（2）.

［144］倪阳，何镜堂.环境·人文·建筑——华南理工大学逸夫人文馆设计［J］.建筑学报，
2004（5）.

［145］何镜堂.当前创作的几点思考［J］.建筑学报，2004（7）.

［146］何镜堂，蒋邢辉.论大学校园与周边地区的互动发展［J］.建筑创作，2004（11）.

［147］何镜堂，倪阳.侵华日军南京大屠杀遇难同胞纪念馆扩建工程创作构思［J］.建筑
学报，2005（9）.

［148］何镜堂.当代大学校园规划设计的理念与实践［J］.城市建筑，2005（9）.

［149］何镜堂，蒋邢辉."和谐社会"下建筑与城市设计的几点探讨［J］.建筑学报，2006
（2）.

［150］何镜堂，郑少鹏，郭卫宏.建筑·空间·场所——华南理工大学新校区院系楼群解
读［J］.新建筑，2007（1）.

［151］何镜堂，窦建奇，王扬，向科.大学聚落研究［J］.建筑学报，2007（2）.

［152］何镜堂.现代建筑创作理念、思维与素养［J］.南方建筑，2008（1）.

［153］何镜堂，倪阳，刘宇波.突出遗址主题 营造纪念场所——侵华日军南京大屠杀遇难
同胞纪念馆扩建工程设计体会［J］.建筑学报，2008（3）.

［154］何镜堂，王扬，窦建奇.当代大学校园人文环境塑造研究［J］.南方建筑，2008（3）.

［155］何镜堂，刘宇波，张振辉.复兴岭南旧城 改善人居环境——广州市越秀区解放中路
旧城改造一期工程［J］.南方建筑，2008（5）.

［156］何镜堂，张利，倪阳.中国 2012 年上海世博会中国馆［J］.建筑学报，2009（6）.

［157］何镜堂.岭南建筑创作思想——60 年回顾与展望［J］.建筑学报，2009（10）.

［158］何镜堂.团结 务实 开拓 创新——华南理工大学建筑设计研究院建院 30 周年［J］.
南方建筑，2009（5）.

［159］何镜堂，王扬，李天世，向科.基于"两观三性"理念的地域文化建筑设计营
造——烟台文化中心规划与建筑设计［J］.建筑学报，2010（4）.

［160］何镜堂，郭卫宏，吴中平，郑少鹏.构筑"世纪之窗"——天津博物馆设计［J］.
建筑学报，2010（4）.

［161］黄骏，林燕，何镜堂.横琴岛澳门大学新校区的规划设计［J］.华南理工大学学报

（自然科学版），2010（7）.

［162］黄骏，林燕，何镜堂.澳门大学新校区建筑设计的风格与特色［J］.华南理工大学学报（社会科学版），2010（4）.

［163］何镜堂，黄骏，刘宇波.华南理工大学建筑教育发展历程回顾［J］.南方建筑，2010（4）.

［164］何正强，何镜堂，郑少鹏，陈晓红，郭卫宏.大地的纪念——汶川映秀镇地震纪念体系规划及震中纪念地设计［J］.建筑学报，2010（9）.

［165］何镜堂，何小欣.启于世博 行之中国——2010年上海世博会对中国建筑创作的启示［J］.建筑学报，2011（1）.

［166］何镜堂.文化传承与建筑创新［J］.中国勘察设计，2011（7）.

［167］何镜堂，王扬，张振辉.地域建筑设计策略探索——宁波帮博物馆设计［J］.建筑学报，2011（11）.

［168］何镜堂，刘宇波，张振辉，梁玮健.四水归堂 五方相连——安徽省博物馆新馆创作构思［J］.建筑学报，2011（12）.

［169］何镜堂，郭卫宏，张振辉，梁玮健，黄瀚星.钱学森图书馆设计［J］.建筑学报，2012（5）.

［170］何镜堂，郭卫宏，海佳.植根地域 淬炼文化 彰显时代——华南理工大学建筑设计研究院文化建筑的创作理念［J］.南方建筑，2012（3）.

［171］何镜堂，郭卫宏，郑少鹏，黄沛宁.一组岭南历史建筑的更新改造——何镜堂建筑创作工作室设计思考［J］.建筑学报，2012（8）.

［172］何镜堂.基于"两观三性"的建筑创作理论与实践［J］.华南理工大学学报（自然科学版），2012（10）.

［173］何镜堂，吴中平，郭卫宏.天津博物馆"世纪之窗"的思与筑［J］.世界建筑，2012（10）.

［174］何镜堂.华南理工大学建筑学科产学研一体化教育模式探析［J］.南方建筑，2012(5).

［175］何镜堂.和谐理念·和谐团队·和谐建筑［J］.新建筑，2012（6）.

［176］何镜堂.努力创作有文化和时代精神的新建筑［J］.建筑，2012（23）.

［177］何镜堂，海佳，郭卫宏.从选择到表达——当代文化建筑文化性塑造模式研究［J］.建筑学报，2012（12）.

［178］郑少鹏，何镜堂，郭卫宏.隐、现中叙述记忆与希望——汶川大地震震中纪念馆创作思考［J］.建筑学报，2013（1）.

［179］程曲杨，陈向.传统衍生 时代兼容——解读何镜堂的"两观三性"［J］.中外建筑，2012（6）.

［180］袁粤，王璐.地域文化与时代特征结合，人才培养与设计创新共进——访何镜堂院士［J］.建筑与文化，2005（9）.

［181］邓颀.谈当代中国地域建筑的发展——以何镜堂与齐康的地域建筑作品为例［J］.中外建筑，2010（9）.

［182］刘钊.行者无疆——建筑大师何镜堂先生访谈［J］.新建筑，2007（1）.

［183］曾坚，蔡良娃，曾鹏.传承、开拓与创新——何镜堂先生及其建筑团队的创作思想与艺术手法分析［J］.新建筑，2008（5）.

［184］艾定增.神似之路——岭南建筑学派四十年［J］.建筑学报，1989（10）.

［185］肖毅强，冯江.华南理工大学建筑学院建筑教育与创作思想的形成与发展［J］.南方建筑，2008（1）.

［186］肖毅强.岭南现代建筑创作的"现代性"思考［J］.新建筑，2008（5）.

［187］郦伟.建筑与意识形态："社会主义现实主义建筑"的批判性反思［J］.华南理工大学学报（社会科学版），2010（4）.

［188］唐孝祥，陈吟.岭南建筑学派的教育特色初探［J］.华中建筑，2010（10）.

［189］郦伟，唐孝祥.上海世博会中国馆：当代岭南建筑学派视野中的"中国性"［J］.华南理工大学学报（社会科学版），2011（4）.

［190］郦伟，郦诗原.建构、反思与超越：当代岭南建筑学派研究进展［J］.惠州学院学报（自然科学版），2011（6）.

［191］郦伟.岭南建筑学派的文化研究转向——2012"岭南建筑学派与岭南建筑创新"学术研讨会述评［J］.学术研究，2013（1）.

［192］邓其生.岭南古建筑文化特色［J］.建筑学报，1993（12）.

［193］刘业，陆琦.再造岭南建筑的辉煌——96'广东省首届青年建筑师学术研讨会综述［J］.南方建筑，1996（4）.

［194］林其标.论岭南建筑人居环境的改善及建筑节能［J］.华南理工大学学报（自然科学版），1997（1）.

［195］赵洪洪.当代岭南建筑风格的演进与发展［J］.华南理工大学学报（自然科学版），1997（1）.

［196］许瑞生.岭南城市化进程中的建筑创作［J］.南方建筑，1997（2）.

［197］刘杰.岭南建筑设计发展的社会性［J］.南方建筑，1997（2）.

［198］唐孝祥."岭南城市与地方特色"学术研讨会综述［J］.南方建筑，1998（2）.

［199］高旭东.创新后的困惑——岭南文化与岭南建筑［J］.南方建筑，1998（2）.

［200］饶红，曾小穗.灵秀与开放——岭南新建筑与岭南风格二题［J］.时代建筑，1998（4）.

［201］黄金乐，樊磊，童仁.岭南建筑的特色哪里去了［J］.南方建筑，1998（4）.

［202］郑振纮.岭南建筑的文化背景和哲学思想渊源［J］.建筑学报，1999（9）.

［203］梁剑麟，孙晓丹.地域文化下的岭南风格建筑［J］.南方建筑，2000（3）.

［204］周毅刚，王静.失落的文脉——兼议岭南建筑文化的承传问题［J］.新建筑，2001（3）.

［205］唐孝祥.试论岭南建筑及其人文品格［J］.新建筑，2001（6）.

［206］肖大威．务实创新勤学问 岭南建筑更辉煌——纪念华南理工大学建筑学院创立70周年［J］．建筑学报，2002（9）．

［207］唐孝祥，郭谦．岭南建筑的技术个性与创作哲理［J］．华南理工大学学报（社会科学版），2002（3）．

［208］彭长歆，杨晓川．勷勤大学建筑工程学系与岭南早期现代主义的传播和研究［J］．新建筑，2002（5）．

［209］陈安．建筑与庭园——岭南庭园复兴及其历程研究［J］．广东园林，2003（S1）．

［210］郭明卓．如何理解"地方特色"［J］．建筑学报，2004（1）．

［211］刘才刚．试论岭南建筑的务实品格［J］．华南理工大学学报（社会科学版），2004（1）．

［212］陆琦．岭南建筑园林与中国传统审美思想［J］．华南理工大学学报（社会科学版），2006（3）．

［213］谢浩，朱雪梅．岭南建筑与庭园空间相结合的特色分析［J］．上海建材，2007（4）．

［214］蔡德道．广州建筑多年见闻［J］．南方建筑，2008（1）．

［215］谢浩．创造富有岭南特色的建筑中庭空间［J］．上海建材，2008（1）．

［216］韩强．精神心理文化与岭南人的价值支柱（上）［J］．岭南文史，2008（1）．

［217］周畅，袁培煌，王建国等．从岭南建筑到岭南学派——华南理工大学建筑设计研究院建筑作品研讨会［J］．新建筑，2008（5）．

［218］汪原．从"华南现象"走向"岭南学派"［J］．新建筑，2008（5）．

［219］孙一民．岭南建筑与岭南精神［J］．新建筑，2008（5）．

［220］陈昌勇，肖大威．以岭南为起点探析国内地域建筑实践新动向［J］．建筑学报，2010（2）．

［221］刘源，陈翀，肖大威．从传播学角度解读岭南建筑现象［J］．华中建筑，2011（10）．

［222］郭明卓．学习和传承岭南建筑［J］．建筑学报，2012（6）．

［223］黄捷．面向未来的岭南新建筑创作［J］．南方建筑，2012（5）．

［224］袁培煌．从华南的建筑教育到岭南学派［J］．南方建筑，2012（5）．

［225］沈康．也谈岭南建筑学派——建筑教育的合作、互助与共赢［J］．南方建筑，2012（5）．

［226］曾昭奋．建筑评论的思考与期待——兼及"京派"、"广派"、"海派"［J］．《建筑师》编辑部．建筑师（第17辑）．中国建筑工业出版社，1984．

［227］窦以德．岭南派风格与中国式建筑［J］．南方建筑，2009（3）．

［228］李权时．论岭南文化工具主义——兼论岭南文化的现代转换［J］．广东社会科学，2009（4）．

［229］刘益．岭南文化的特点及其形成的地理因素［J］．人文地理，1997（1）．

［230］陈乃刚．海洋文化与岭南文化随笔［J］．广西民族学院学报（哲学社会科学版），1995（4）．

［231］蒋述卓．岭南文化的当代价值［J］．华南师范大学学报（社会科学版），2009（4）．

［232］彭玉平．岭南文化：文化受容与文化转境［J］．华南师范大学学报（社会科学版），

2009（4）.

[233] 吴致远.科学学派的本质特征析说 [J].科学管理研究，2003（10）.

[234] 吴致远.谈造就我国科学学派的迫切性 [J].科学管理研究，2003（2）.

[235] 陈吉生.试论中国民族学的八桂学派（一）[J].广西社会科学，2008（7）.

[236] 李伦.试论科学学派的形成机制 [J].科学学研究，1997（9）.

[237] 邹德侬.杨昌鸣.孙雨红.优秀建筑论——淡化"风格""流派"，创造"优秀建筑"
[J].建筑学报，1994（08）.

[238] 鲍健强.现代科学学派形成的机制和特点 [J].科学技术与辩证法，1989（6）.

[239] 吴良镛.从"广义建筑学"与"人居环境科学"起步.城市规划，2010（2）.

[240] 李世芬.创作呼唤流派 [J].建筑学报，1996（11）.

[241] 杨春时，林朝霞.现实主义的蜕变与误读 [J].求是学刊，2007（3）.

[242] 何锡章，陈洁.现实主义在现代中国的历史命运及其文化成因 [J].天津社会科学，
2010（5）.

[243] 杨春时.社会主义现实主义批判 [J].文艺评论，1989（2）.

[244] 汪江华，张玉坤.现代建筑中的形式主义倾向 [J].建筑师，2007（8）.

[245] 邹德侬、曾坚，论中国现代建筑史起始年代的确定 [J].建筑学报，1995（7）.

[246] 章明，张姿.当代中国建筑的文化价值认同分析 [J].时代建筑.2009（3）.

3. 学位论文

博士学位论文：

[1] 燕果.珠江三角洲建筑二十年 [D].广州：华南理工大学，2000.

[2] 刘业.现代岭南建筑发展研究 [D].南京：东南大学，2001.

[3] 唐孝祥.近代岭南建筑美学研究 [D].广州：华南理工大学，2002.

[4] 王扬.当代岭南建筑创作趋势研究：模式分析与适应性设计探索 [D].广州：华南理
工大学，2003.

[5] 彭长歆.岭南建筑的近代化历程研究 [D].广州：华南理工大学，2004.

[6] 钱锋.现代建筑教育在中国（1920s—1980s）[D].上海：同济大学，2005.

[7] 路中康.民国时期建筑师群体研究 [D].武汉：华中师范大学，2009.

[8] 夏桂平.基于现代性理念的岭南建筑适应性研究 [D].广州：华南理工大学，2010.

[9] 曾志辉.广府传统民居通风方法及其现代建筑应用 [D].广州：华南理工大学，2010.

[10] 王河.岭南建筑学派研究 [D].广州：华南理工大学，2011.

[11] 庄少庞.莫伯治建筑创作历程及思想研究 [D].广州：华南理工大学，2011.

[12] 王瑜.外来建筑文化在岭南的传播及其影响研究 [D].广州：华南理工大学，2012.

[13] 刘虹.林克明建筑实践历程与创作特色研究 [D].广州：华南理工大学，2013.

硕士学位论文：

［1］杜黎宏 . 建筑师林克明创作思想粗探——兼谈中国近代建筑史［D］. 广州：华南理工大学，1988.

［2］张蓉 . 建筑是为"人"，而不是为"物"——佘畯南建筑大师的创作思想发展历程研究［D］. 成都：西南交通大学，1999.

［3］胡惠芳 . 建筑大师莫伯治的地域化之路［D］. 广州：华南理工大学，2005.

［4］黄沛宁 . 传承与发展——从夏昌世到何镜堂，岭南两代建筑师研究［D］. 广州：华南理工大学，2006.

［5］陈俊伟 . 岭南建筑设计综合遮阳的研究初探［D］. 广州：华南理工大学，2006.

［6］黄惠菁 . 岭南建筑中的现代性研究［D］. 广州：华南理工大学，2006.

［7］冯健明 . 广州"旅游设计组"（1964—1983）建筑创作研究［D］. 广州：华南理工大学，2007.

［8］施亮 . 夏昌世生平及其作品研究［D］. 广州：华南理工大学，2007.

［9］李兴强 . 岭南建筑传播研究［D］. 广州：华南理工大学，2008.

［10］齐百慧 . 岭南早期现代建筑中夏昌世作品的遮阳技术分析［D］. 广州：华南理工大学，2008.

［11］陈智 . 华南理工大学建筑设计研究院机构发展及创作历程研究［D］. 广州：华南理工大学，2009.

［12］刘旭 . 岭南地区教育建筑窗口外遮阳技术初探—以华南理工大学为例［D］. 广州：华南理工大学，2009.

［13］张海东 . 广州市设计院的机构发展及建筑创作历程研究（1952—1983）［D］. 广州：华南理工大学，2009.

［14］王驰 . 当代岭南建筑的地域性探索［D］. 广州：华南理工大学，2010.

［15］周宇辉 . 郑祖良生平及其作品研究［D］. 广州：华南理工大学，2011.

［16］刘斌 . 华南理工大学五山校区校园建筑气候应对策略的发展历程研究［D］. 广州：华南理工大学，2011.

［17］刘卓珺 . 珠三角地区新地域建筑特色研究［D］. 武汉：武汉理工大学，2011.

［18］崔子夏 . 广东省建筑设计研究院机构发展及建筑创作历程研究［D］. 广州：华南理工大学，2012.

4. 报刊资料

［1］谈健 . 传承岭南建筑在行动［N］. 广东建设报，2012-12-28.

［2］范琛 . 陈伯齐 现代主义建筑教育的寻梦者［N］. 南方日报，2012-12-5.

［3］范琛 . 陈伯齐 强调建筑的科学性与适度美感［N］. 南方日报，2012-12-5.

［4］邱永芬 . 什么是岭南建筑风格？［N］. 广东建设报，2012-11-6.

［5］邱永芬.岭南建筑再探索［N］.中国建设报，2012-10-31.

［6］韶菁，文芳，庆雷.何镜堂：视建筑创作为历史的责任［N］.光明日报，2012-10-10.

［7］辛熙.岭南建筑今何在［N］.建筑时报，2012-7-12.

［8］卢轶，谢梦，岳建轩.部分金奖空缺说明岭南特色不足［N］.南方日报，2012-4-12.

［9］王卫国.岭南建筑如何保护令人担忧［N］.广东建设报，2012-3-23.

［10］韩庆文.让世界认识"岭南建筑"［N］.广东建设报，2012-1-13.

［11］胡念飞，汤凯锋，高金花.建筑应以谦逊姿态立于场地［N］.南方日报，2011-12-2.

［12］胡念飞，汤凯锋，高金花.夏昌世：真正属于中国的建筑大师［N］.南方日报，2011-12-2.

［13］刘一心，方云峰.岭南建筑的遮阳［N］.中国建设报，2011-10-31.

［14］新岭南建筑缺乏岭南特色？［N］.南方日报，2011-8-10.

［15］冯海波.岭南建筑学派"掌门人"［N］.广东科技报，2011-4-16.

［16］纪辛.岭南建筑：屹立大地的智慧［N］.广东建设报，2010-11-23.

［17］陈果.要为岭南建筑注入更丰富内涵［N］.广东建设报，2010-11-23.

［18］蒲荔子.何镜堂：幸福就是作品得到认同［N］.建筑时报，2010-8-30.

［19］倪明.五十余载岭南建筑佳作选出名动神州［N］.广州日报，2010-8-20.

［20］徐忠友.何镜堂与他设计的"东方之冠"［N］.人民日报海外版，2010-5-14.

［21］梅格.岭南建筑学派的历史脉络［N］.中国文化报，2009-6-9.

［22］路平，刘慧婵.新一代岭南建筑学派形成［N］.广东科技报，2008-4-8.

［23］何梅丽，张美薇，刘联伟，陈之泉，王离.何镜堂：集"三员"于一身的建筑设计大师［N］.广东建设报，2007-8-3.

［24］汤璇.现代建筑之形 岭南建筑之神［N］.广东建设报，2007-5-18.

［25］谈健."神笔"出华彩 岭南成一派［N］.广东建设报，2009-9-11.

［26］郑毅，汤璇.紧扣"两观三性"实现传承与创新［N］.广东建设报，2007-2-16.

［27］杨晓，谈健.地域性、文化性、时代性，乃中国建筑之魂［N］.广东建设报，2007-1-26.

［28］汤璇.以现代建筑为基点 理性融合传统文化［N］.广东建设报，2007-1-5.

［29］谈健.岭南建筑焕发生机［N］.广东建设报，2006-1-3.

［30］卜松竹.岭南名师建筑多 广州保护责任重［N］.广东建设报，2005-12-9.

［31］汤璇，陈美桦.岭南建筑的复兴时代即将来临［N］.广东建设报，2005-11-15.

［32］谈健.现代岭南建筑的带头人［N］.广东建设报，2003-3-6.

［33］尤丽晶.建筑大师之路［N］.中国信息报，2002-3-8.

［34］景峰.创作地域建筑特色［N］.中华建筑报，2000-12-12.

致　谢

　　本书付梓之际，不禁回想起十多年前刚刚踏入华工校园时那个稚气未脱的自己，从本科、硕士、博士一路走来，或是当时始料未及的。尽管求学途中充满了酸甜苦辣，但能够将人生中最宝贵的时光用于学习、思考和写作，不断塑造和锤炼自己的思想与意志，丰富和提升自己的知识与能力，这无疑是幸运的。在这过程中，得到了许多前辈和同龄人的帮助、关心和鼓励，在此表示衷心的感谢！

　　感谢导师唐孝祥教授的悉心指导。自硕士研究生起跟随唐老师学习和研究以来，唐老师渊博的学识、宽广的视野、严谨的态度、乐观的精神、谦和的为人都让我受益匪浅。在论文写作过程中，唐老师时时关注着写作的动向，指导我厘清研究思路，避免我走弯路，使我能顺利地成文结稿。同时，还要感谢师母李娟老师给予的热情关心和帮助。

　　感谢何镜堂院士和郭卫宏教授。曾有幸经由郭卫宏教授引荐进入何镜堂院士工作室学习和实习一年，得以有机会近距离感受建筑大师的人格魅力和高尚风范，何院士和郭教授对于我学习、研究的指导和鼓励以及支持我参加的许多实践活动，无论对于我的论文写作还是人生经历，都是一笔非常宝贵的精神财富。

　　感谢出席开题、预答辩和答辩的何镜堂院士、吴硕贤院士、吴庆洲教授、郭卫宏教授、程建军教授、肖大威教授、戴志中教授、郭谦教授、陆琦教授，他们花费了宝贵的时间和精力，为我的博士论文的进一步完善提出了许多中肯意见，我都一一铭记并已将其收纳在本书中。

　　尽管未曾受到诸位岭南建筑先辈的亲身传教，但在对其思想展开研究的过程中，林克明、夏昌世、陈伯齐、龙庆忠、莫伯治、佘畯南等建筑大师的人生经历和著述都对我产生了强烈的思想震撼和学术影响，在这里，由衷地向他们致以崇高的敬意！

　　感谢冯江博士、庄少庞博士、向科博士对我的博士论文提出的建议和细致的修改意见。感谢李自若博士、王明洁博士、吴中平博士、张振辉博士、郦伟博士等提供的帮助和展开的讨论。感谢由郭焕宇、王永志、郑莉、谢凌峰、赵一沄、孙杨栩等同门师兄弟姐妹共同组成的学术集体的支持与帮助。感谢所有关心和支持我的同学和朋友们。

感谢郑少鹏博士给予的全力支持、理解和关爱。与之时常展开的探讨，推动了我思考的深化和明晰。感谢父母由始至终无私的爱与奉献，这是我不断进取的动力。

谨以此书向所有关心和帮助我成长的人致谢！